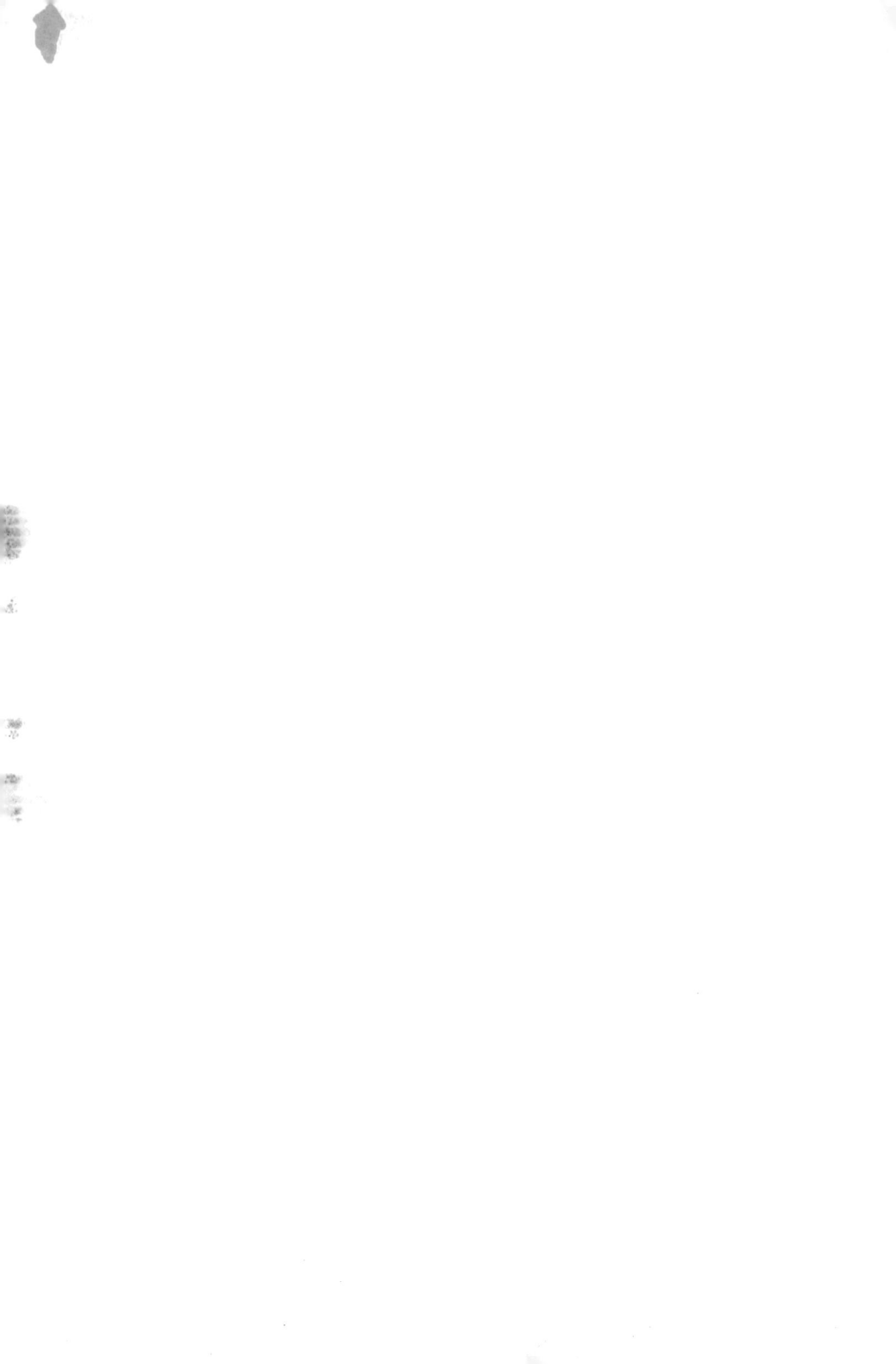

ノーベル賞でたどる物理の歴史

小山慶太

丸善出版

まえがき
——ノーベル賞に刻まれた現代物理学の歩み——

　ノーベル賞の授賞は世紀の変わり目となる1901年にはじまった．第1回の物理学賞受賞者は1895年にX線を発見したレントゲンである．いまから振り返ると，レントゲンへの授賞は19世紀末から20世紀はじめにかけて起きた物理学の変革を象徴し，その後の物理学の発展を予見するかのような選考であった．というのもX線の発見は人間がはじめて，五感ではとらえられないミクロの世界へ足を踏み入れるきっかけとなったからである．この出来事を引き金として放射能が検出され，さらには放射性の新元素（ラジウム，ポロニウムなど）が抽出される．また，そこから，新種の放射線（α線，β線，γ線）の発見が続き，元素の崩壊が明らかにされていく．ここに，元素は万古不易という19世紀を通して信じられていた常識が打ち破られることになる．ラザフォード（1908年ノーベル化学賞受賞）の言葉を借りれば，自然は太古から"錬金術"を行っていたのである．

　こうして，各種放射線の正体や発生機構，元素変換過程への関心が高まり，その研究成果が初期のノーベル賞の授賞対象に反映されることになる．それと並行して，原子の内部構造や特性，電子の振る舞いなどが1930年ころまでに解明されていく．

　と同時に，こうしたミクロの対象はニュートン力学や電磁気学を基盤とする古典物理学では説明のつかないことが認識されていく．そこで，原子や電子の物理学を記述する，まったく新しい理論体系である量子論が，やはり1930年ころまでに確立されることになる．1929年のドゥ・ブローイ，1932年のハイゼンベルク，1933年のシュレディンガー，ディラックなどの受賞は，そうした業績が評価されたものである．

　なお，アインシュタインのノーベル賞受賞理由には直接，含まれてはいなかったものの，1905年に特殊相対性理論が，さらに1916年には一般相対性理論が発表されている．時間・空間の概念を根底から覆すことになったこの理論もまた，古典物理学では描けない，人間の五感を超えた世界があること

を人々に教えたのである．

　このように，ノーベル賞の誕生と草創は物理学が大きな変革を迎えた疾風怒濤の時期とぴたりと重なっており，必然的に，その変革を担った天才，大物理学者たちが，受賞者の系譜に名を連ねるようになった．今日，ノーベル賞はほかに比肩する褒賞制度がないほど一頭地を抜く高い評価を受けているが，草創期に綺羅星の如く並ぶ受賞者たちの群像が，一気に賞の権威を並ぶもののない高みへと押し上げていったのである．

　さて，ノーベル賞の歩みを通し，その後の物理学の発展を追っていくと，いくつかの潮流が見られることに気がつく．

　潮流の一つは，物質の構成要素の追究で，その階層をより小さなレベルへと降りていくプロセスである．1911 年，ラザフォードにより有核原子模型が提示され，原子がその質量の大半を担い正電荷を帯びた原子核と負電荷をもつ電子に分割されることが明らかにされた．さらに 1932 年，原子核に対する α 線の照射実験から，チャドウィックによって中性子が発見され（1935 年受賞），原子核が陽子と中性子という下部構造をもつことが突き止められる．また，同じ年，アンダーソンがディラックの予言する陽電子を宇宙線の中に発見（1936 年受賞），反粒子の存在が確認される．

　こうして，物質→原子→原子核→核子（陽子，中性子）という具合に，より小さな対象を追究していく過程で重要な役割を果たしたのが，加速器と粒子検出器の開発である．

　まず，20 世紀前半の研究に目を向けると，加速器分野ではローレンスのサイクロトロン（1939 年受賞），コッククロフトとウォルトンの高電圧加速装置（1951 年受賞）がノーベル賞に輝いている．一方，粒子検出器の開発では，ウィルソンの霧箱（1927 年受賞）やパウエルの原子核乾板（1950 年受賞）が，その有用性を発揮した．

　20 世紀後半に入ると加速器の高エネルギー化，巨大化とともに，素粒子物理学は大きな前進を遂げ，よりミクロな世界へと分け入っていった（1959 年，1960 年，1961 年，1963 年，1968 年受賞）．その結果，現在では，物質は 6 種類のクォーク（核子や中間子の構成要素）と 6 種類のレプトン（電子やニュートリノ）を究極の要素として構成されていることが明らかにされる

までになっている．クォークモデルを提唱したゲル=マンには 1969 年，またクォークが 6 種類存在することを理論的に予言した小林誠，益川敏英には 2008 年にノーベル賞が贈られている．さらに，クォークは単独で取り出すことはできないが，その実在性を間接的に証明する実験成果（1976 年，1990 年受賞）もノーベル賞の歴史に記録されることになった．なお，なぜクォークは核子や中間子の中に閉じ込められ，裸では存在しないのかを説明した漸近的自由性も 2004 年のノーベル賞に選ばれている．

　こうした物質の構成要素の追究と並行して，これらに働く力の解明も進められた．その先駆的な業績が，核子の間に働く核力のメカニズムを説明した湯川秀樹の中間子論である（1949 年受賞）．現在，自然界は重力，電磁気力，強い相互作用（核力），弱い相互作用という 4 つの基本的な力によって支配されており，それぞれに力の伝達役をつとめる粒子（ゲージ粒子）が存在すると考えられている．つまり，万物はクォークとレプトンの要素に還元され，4 種類のゲージ粒子によって，これらが結合，崩壊を引き起こすとする簡潔な物質観が構築されている．1984 年のノーベル物理学賞は，基本的な力の一つである弱い相互作用のゲージ粒子（ウィークボソン）の発見に贈られた．

　弱い相互作用に関しては，その作用のもとで対称性が破れることを示したパリティ非保存の理論（1957 年受賞）および K 中間子の崩壊における対称性の破れの実験（1980 年受賞）も，それぞれノーベル賞を受賞している．また，弱い相互作用と電磁気力をある条件のもとで統一して記述する理論の組み立てが模索されてきたが，この分野からも 1979 年と 1999 年の 2 回，ノーベル賞が生まれた．

　もう一つ，ノーベル賞の歴史の中で素粒子物理学の重要な研究として注目したいのが，自己相互作用の問題である．電子は自分自身が周囲の空間につくり出す電磁場からの影響を受け，エネルギーや磁気モーメントにほんのわずかではあるが変化が生じている．前者は 1947 年，ラムによって，後者は同じ年，クッシュによって測定されている（1955 年受賞）．この現象は朝永振一郎らが確立した量子電磁力学によって，理論的に説明されることになる（1965 年受賞）．そして，その基盤となったのは，不確定性原理のもとでの

み許される仮想粒子の放出，吸収という量子論特有の解釈であった．

　ノーベル賞に見られる二つ目の潮流として，物質の構造やさまざまな特性をミクロの視点からとらえる分野の発展が挙げられる．

　特質の構造に関する先駆的な研究は，1910年のはじめ，ブラッグ父子が行ったX線による結晶構造解析である．この手法によってはじめて，結晶内の原子の立体的な配列が決定できるようになった（1915年受賞）．また，物質表面の原子配列の観察には，1978年に開発された走査型トンネル電子顕微鏡が威力を発揮している（1986年受賞）．

　次に物質の特性については，まず超伝導（1913年受賞）と超流動の発見（1978年，1996年受賞）が挙げられる．これらはいずれも，極低温のもとで現れる量子論の効果として理論的に説明された（1962年，1972年，2003年受賞）．なお，1986年には超伝導の臨界温度が相対的に高い現象がセラミックスで発見され，早くもその翌年，ノーベル賞が贈られている．

　また，テクノロジーと結びついた物質の特性に関する研究では半導体（1956年，1973年，1985年受賞），磁性（1970年，1977年，2007年受賞），レーザー（1964年，1966年，1971年，1981年，1989年，1997年，2001年，2005年，2012年受賞）などの分野にも複数回にわたり，授賞が行われている．

　ところで，ノーベル賞の自然科学部門は物理学，化学，医学・生理学の三つの分野に限定されているが，20世紀後半に入ると，天文学の研究が物理学賞の対象として取り込まれるようになり，それが三つ目の潮流を形成している．

　その第1号は，1967年，「核反応による星のエネルギー生成過程の発見」で受賞したベーテである．これは核物理学が急成長する1930年代に行われた研究で，恒星が核融合により，光と熱を放射するメカニズムを解明したものである．1983年のノーベル物理学賞に輝いたチャンドラセカール（「星の進化と構造に関する物理的過程の研究」）とファウラー（「宇宙の化学物質生成過程における核反応の研究」）の理論研究も，この流れを汲むものである．

　一方，天体観測の業績で第1号となったのは，1974年のライルとヒューウィッシュである．17世紀はじめ，ガリレオが夜空に望遠鏡を向けて以来，

人間はずっと可視光だけを通して星々を観測してきたが，そこに電波望遠鏡という新しい装置をつけ加えたのがライルである．ヒューウィッシュは電波望遠鏡を用いて，規則正しい時間間隔で電波を放射する新種の天体パルサーの発見が評価されての受賞となった．また，連星パルサーを発見し，パルス電波の周期変動の解析から，重力波の存在を間接的ながら証明したハルスとテイラーにも，1993年，ノーベル賞が贈られている．

可視光，電波に加え，1960年代にはX線も宇宙を探る重要な情報源として観測の対象に組み入れられるようになる．その先駆的仕事を行い，1962年にX線を発する天体を発見したジャコーニに2002年のノーベル賞が贈られた．また，この年，同時受賞したデイヴィスと小柴昌俊は，宇宙から飛来するニュートリノの検出を通し，太陽内部で進行する核融合や超新星爆発の際に起こる核反応の解明に光を当てるニュートリノ天文学という新分野を開拓した業績が評価された．素粒子物理学としてのニュートリノの研究成果はすでに，1988年と1995年，授賞対象に選ばれているが，今度はその観測が星の構造，進化を探る手段としても注目されはじめたのである．

さて，ノーベル賞の系譜に映し出される天文学の業績には，宇宙論にかかわるものも含まれている．その嚆矢は1978年，ペンジャスとウィルソンの受賞理由となった「宇宙背景放射の発見」である．彼らは温度に換算して約3Kのマイクロ波が宇宙空間に均質に存在することを発見したのである．これはビッグバン宇宙論の有力な証拠と見なされた．その正体は誕生直後の宇宙空間に充満していた高エネルギーの光の名残である．宇宙の膨張とともに温度（エネルギー）が下がり，初期の光はいま，マイクロ波となって観測されたというわけである．

宇宙背景放射の研究では2006年，マザーとスムートにもノーベル賞が贈られている．彼らは1989年に打ち上げられた探査衛星の観測データを解析し，背景放射のスペクトルがビッグバン理論から予測される黒体放射のスペクトルと高い精度で一致することを証明した．また，背景放射の強度分布は全天にわたって完全には均質ではなく，ほんのわずかながら（約10万分の1程度）ゆらぎが見られたのである．これは初期宇宙の物質密度の分布に濃淡があったことを示しており，濃い部分は銀河をつくり出す"種"だったの

である．

　その後も新しい探査衛星の打ち上げが続き，宇宙開闢(かいびゃく)からおよそ 38 万年後の放射の分布が高精度で測定されるまでになっている．

　ところで，宇宙の膨張に関しては 20 世紀末，定説を覆す発見が報告された．遠方にある超新星の観測から，宇宙の膨張が加速していることが明らかにされたのである．そこから，空間を押し広げる未知の作用（暗黒エネルギー）の存在が示唆されるようになった．2011 年のノーベル物理学賞はこの観測を指揮したパールマター，シュミット，リースの 3 人に贈られている．

　1967 年のベーテから数えると，半世紀足らずの間に 8 回，天文学の分野からノーベル物理学賞が誕生したことになる．

　いま，その計画が進められている重力波の検出，存在が指摘されている暗黒物質や暗黒エネルギーの正体解明，ニュートリノの基本的性質の研究など物理学の基礎理論と深く結びつく天文学の分野は今後の展開が注目されるだけに，その成果は 21 世紀のノーベル物理学賞に反映されていくものと思われる．

　以上，ノーベル物理学賞 110 余年の歴史とそこから読み取れる現代物理学の特徴をいくつかの潮流に沿って概観してみた．それを一つの道標として，本書を活用していただければ幸いである．

　2013 年　朱夏

小山　慶太

目 次

1901 ──────────────────────────── 1
　W. C. レントゲン　「X線の発見」

1902 ──────────────────────────── 2
　H. A. ローレンツ，P. ゼーマン　「放射現象に及ぼす磁気の影響の研究」

1903 ──────────────────────────── 4
　A. H. ベクレル　「ウランの放射能の発見」
　P. キュリー，M. キュリー　「放射能の研究」

1904 ──────────────────────────── 5
　レイリー（J. W. ストラット）　「アルゴンの発見」

1905 ──────────────────────────── 7
　P. E. A. レーナルト　「陰極線の研究」

1906 ──────────────────────────── 8
　J. J. トムソン　「電子の発見」

1907 ──────────────────────────── 10
　A. A. マイケルソン　「干渉計の開発と分光学の研究」

1908 ──────────────────────────── 12
　G. リップマン　「干渉現象によるカラー写真の研究」

1909 ──────────────────────────── 12
　G. マルコーニ，K. F. ブラウン　「無線通信の開発」

1910 ──────────────────────────── 14
　J. D. ファン・デル・ワールス　「気体および液体の状態方程式の研究」

1911 ──────────────────────────── 15
　W. ヴィーン　「熱放射の法則に関する研究」

1912 ──────────────────────────── 17
　N. G. ダレーン　「灯台や灯浮標の照明用ガス貯蔵器の自動調節装置の発明」

1913 ──────────────────────────── 18
　H. カマーリング・オンネス　「液体ヘリウムの生成と低温物理の研究」

1914 ——————————————————————————— 19
　M. T. F. ラウエ 「結晶によるX線回折の研究」
1915 ——————————————————————————— 21
　W. H. ブラッグ, W. L. ブラッグ 「X線による結晶の構造研究」
1916 ——————————————————————————— 22
　受賞者なし
1917 ——————————————————————————— 22
　C. G. バークラ 「元素の特性X線の発見」
1918 ——————————————————————————— 24
　M. K. E. L. プランク 「量子仮説の提唱」
1919 ——————————————————————————— 25
　J. シュタルク 「陽極線のドップラー効果とシュタルク効果の発見」
1920 ——————————————————————————— 26
　C. E. ギョーム 「アンバーの発見による精密測定」
1921 ——————————————————————————— 27
　A. アインシュタイン 「理論物理学の業績, とくに光電効果の法則の発見」
1922 ——————————————————————————— 29
　N. H. D. ボーア 「原子の構造とその放射の研究」
1923 ——————————————————————————— 31
　R. A. ミリカン 「電気素量と光電効果の研究」
1924 ——————————————————————————— 33
　K. M. G. シーグバーン 「X線分光学の研究」
1925 ——————————————————————————— 34
　J. フランク, G. L. ヘルツ 「原子に対する電子衝突の法則の発見」
1926 ——————————————————————————— 35
　J. B. ペラン 「物質の不連続構造の研究, とくに沈殿平衡の発見」
1927 ——————————————————————————— 37
　A. H. コンプトン 「コンプトン効果の発見」
　C. T. R. ウィルソン 「ウィルソン霧箱の発明」

| 1928 | 39 |

O. W. リチャードソン 「熱電子現象の研究」

| 1929 | 40 |

L. V. P. R. ドゥ・ブローイ 「電子の波動性の発見」

| 1930 | 41 |

C. V. ラマン 「光の散乱の研究とラマン効果の発見」

| 1931 | 42 |

受賞者なし

| 1932 | 43 |

W. K. ハイゼンベルク 「不確定性原理と量子力学の確立」

| 1933 | 44 |

E. シュレディンガー, P. A. M. ディラック 「新しい形式の原子論の発見」

| 1934 | 46 |

受賞者なし

| 1935 | 46 |

J. チャドウィック 「中性子の発見」

| 1936 | 47 |

V. F. ヘス 「宇宙線の発見」
C. D. アンダーソン 「陽電子の発見」

| 1937 | 49 |

C. J. デヴィソン, G. P. トムソン 「結晶による電子回折の発見」

| 1938 | 50 |

E. フェルミ 「新しい放射性元素の発見と核反応の研究」

| 1939 | 53 |

E. O. ローレンス 「サイクロトロン開発とそれによる人工放射性元素の研究」

| 1940 - 1942 | 55 |

受賞者なし

| 1943 | 55 |

O. シュテルン 「原子線の方法の開発と陽子の磁気能率の発見」

| 1944 | 57 |

I. I. ラービ 「核磁気共鳴法の発見」

| 1945 | 58 |

W. パウリ 「排他原理の発見」

| 1946 | 60 |

P. W. ブリッジマン 「超高圧圧縮機の発明と高圧物理の研究」

| 1947 | 61 |

E. V. アップルトン 「高層大気の物理，とくに電離層の研究」

| 1948 | 62 |

P. M. S. ブラケット 「霧箱の改良と原子核および宇宙線分野での発見」

| 1949 | 64 |

湯川 秀樹 「中間子の予言」

| 1950 | 66 |

C. F. パウエル 「原子核乾板の開発と中間子の発見」

| 1951 | 67 |

J. D. コッククロフト, E. T. S. ウォルトン 「高電圧加速装置の開発とそれによる原子核の変換」

| 1952 | 69 |

F. ブロッホ, E. M. パーセル 「核磁気共鳴吸収法の開発」

| 1953 | 70 |

F. ゼルニケ 「位相差顕微鏡の発明」

| 1954 | 72 |

M. ボルン 「波動関数の統計的解釈」
W. ボーテ 「同時計数法の開発とそれによる発見」

| 1955 | 74 |

W. E. ラム 「水素の微細構造の研究」
P. クッシュ 「電子の磁気能率の精密測定」

| 1956 | 76 |

W. B. ショックレー, J. バーディーン, W. H. ブラッタン 「半導体の研究とトランジスター効果の発見」

1957 ——————————————————————————— 77
  C. N. ヤン（楊 振寧），T. リー（李 政道）「パリティ非保存の研究」
1958 ——————————————————————————— 79
  P. A. チェレンコフ，I. Y. タム，I. M. フランク 「チェレンコフ効果の発見」
1959 ——————————————————————————— 81
  E. G. セグレ，O. チェンバレン 「反陽子の発見」
1960 ——————————————————————————— 82
  D. A. グレーザー 「泡箱の発明」
1961 ——————————————————————————— 84
  R. ホフスタッター 「原子核の電子散乱の研究と核子の構造に関する発見」
  R. L. メスバウアー 「γ線の共鳴吸収の研究とメスバウアー効果の発見」
1962 ——————————————————————————— 86
  L. D. ランダウ 「液体ヘリウムの理論」
1963 ——————————————————————————— 88
  E. P. ウィグナー 「原子核と素粒子の対称性の研究」
  M. ゲッペルト=メイヤー，J. H. D. イェンゼン 「原子核の殻構造の研究」
1964 ——————————————————————————— 90
  C. H. タウンズ，N. G. バソフ，A. M. プロホロフ 「メーザーとレーザーの発明」
1965 ——————————————————————————— 92
  朝永 振一郎，J. シュウィンガー，R. P. ファインマン 「量子電磁力学の基礎的研究」
1966 ——————————————————————————— 94
  A. カストレル 「原子内の電波共鳴の光学的方法の発見と開発」
1967 ——————————————————————————— 95
  H. A. ベーテ 「核反応による星のエネルギー生成過程の発見」
1968 ——————————————————————————— 96
  L. W. アルヴァレズ 「素粒子物理学への貢献，とくに水素泡箱による共鳴状態の発見」

1969 ——————————————————————————— 98
　M. ゲル=マン 「素粒子の分類および相互作用に関する発見」
1970 ——————————————————————————— 100
　H. O. G. アルヴェーン 「電磁流体力学の研究とそのプラズマ物理への応用」
　L. E. F. ネール 「反強磁性と強磁性の研究」
1971 ——————————————————————————— 102
　D. ガボール 「ホログラフィーの発明」
1972 ——————————————————————————— 103
　J. バーディーン, L. N. クーパー, J. R. シュリーファー 「超伝導現象の理論」
1973 ——————————————————————————— 105
　江崎 玲於奈, I. ジェーバー 「半導体および超伝導体におけるトンネル効果の実験的発見」
　B. D. ジョセフソン 「ジョセフソン効果の理論的予測」
1974 ——————————————————————————— 106
　M. ライル 「電波天文学の研究, とくに開口合成技術の発明」
　A. ヒューウィッシュ 「電波天文学の研究, とくにパルサーの発見」
1975 ——————————————————————————— 108
　A. N. ボーア, B. R. モッテルソン, L. J. レインウォーター 「原子核の構造, とくに集団運動の研究」
1976 ——————————————————————————— 109
　B. リヒター, S. C. C. ティン（丁 肇中）「J/Ψ粒子の発見」
1977 ——————————————————————————— 111
　P. W. アンダーソン, J. H. ヴァン・ヴレック, N. F. モット 「磁性体と無秩序系の電子構造の理論」
1978 ——————————————————————————— 113
　P. L. カピッツァ 「低温物理学の基礎的研究」
　A. A. ペンジャス, R. W. ウィルソン 「宇宙背景放射の発見」
1979 ——————————————————————————— 115
　S. L. グラショー, S. ワインバーグ, A. サラム 「弱い相互作用と電磁気

力の統一理論」
1980 ———————————————————————— 116
　J. W. クローニン，V. L. フィッチ 「中性 K 中間子崩壊における基本的対
　　称性の破れの発見」
1981 ———————————————————————— 118
　N. ブルームバーゲン，A. L. ショーロー 「レーザー分光学の研究」
　K. M. シーグバーン 「高分解能電子分光学の研究」
1982 ———————————————————————— 119
　K. G. ウィルソン 「物質の相転移に関連する臨界現象の理論」
1983 ———————————————————————— 120
　S. チャンドラセカール 「星の進化と構造に関する物理的過程の研究」
　W. A. ファウラー 「宇宙の化学物質生成過程における核反応の研究」
1984 ———————————————————————— 122
　C. ルビア，S. ファン・デル・メーア 「ウィークボソンの発見」
1985 ———————————————————————— 124
　K. フォン・クリッツィング 「量子ホール効果の発見」
1986 ———————————————————————— 125
　E. ルスカ 「電子顕微鏡の基礎的研究」
　G. ビーニッヒ，H. ローラー 「走査型トンネル電子顕微鏡の開発」
1987 ———————————————————————— 127
　J. G. ベドノルツ，K. A. ミュラー 「セラミックス高温超伝導体の発見」
1988 ———————————————————————— 128
　L. M. レーダーマン，M. シュワルツ，J. シュタインバーガー 「ニュー
　　トリノビーム法の開発とミューニュートリノの発見によるレプトン二重
　　構造の実証」
1989 ———————————————————————— 130
　N. F. ラムゼー 「ラムゼー共鳴法の開発およびその水素メーザーや原子
　　時計の応用」
　H. G. デーメルト，W. パウル 「イオントラップ法の開発」

1990 ──────────────────────────────── 132
　J. I. フリードマン, H. W. ケンドール, R. E. テイラー 「電子と核子の非弾性散乱によるクォーク模型の検証」
1991 ──────────────────────────────── 133
　P. ドゥ・ジェンヌ 「高分子や液晶など複雑な系の相転移に関する数学的研究」
1992 ──────────────────────────────── 135
　G. シャルパック 「粒子検出器，とくに多線式比例計数箱の発明と改良」
1993 ──────────────────────────────── 136
　R. A. ハルス, J. H. テイラー 「重力研究に新しい可能性を開いた新型パルサーの発見」
1994 ──────────────────────────────── 138
　B. N. ブロックハウス, C. G. シャル 「中性子散乱技術の開発」
1995 ──────────────────────────────── 139
　F. ライネス 「ニュートリノの検証」
　M. L. パール 「タウ粒子の発見」
1996 ──────────────────────────────── 142
　D. M. リー, D. D. オシェロフ, R. C. リチャードソン 「ヘリウム3の超流動の発見」
1997 ──────────────────────────────── 143
　S. チュー, C. コーエン=タヌジ, W. D. フィリップス 「レーザーによる原子の冷却・捕捉技術の開発」
1998 ──────────────────────────────── 144
　R. B. ラフリン, H. L. シュテルマー, D. C. ツーイ 「分数電荷の励起を伴う新しい量子流体の発見」
1999 ──────────────────────────────── 146
　M. J. G. フェルトマン, G. トホーフト 「電弱相互作用の量子構造の解明」
2000 ──────────────────────────────── 147
　Z. I. アルフョロフ, H. クレーマー 「光エレクトロニクスに使われるヘテロ構造半導体レーザーの開発と集積回路の発明」

J. S. キルビー 「情報通信技術の基礎的研究，とくに集積回路の発明」

2001 ──────────────────────────── 149

E. A. コーネル，W. ケターレ，C. E. ウィーマン 「アルカリ気体のボース–アインシュタイン凝縮の成功とその基本的性質の研究」

2002 ──────────────────────────── 151

R. デイヴィス，小柴 昌俊 「天体物理学，とくに宇宙ニュートリノの検出に関する先駆的な貢献」

R. ジャコーニ 「宇宙X線源の発見に導いた天体物理学への先駆的な貢献」

2003 ──────────────────────────── 154

A. A. アブリコソフ，V. L. ギンツブルク，A. J. レゲット 「超伝導と超流動の理論に関する先駆的研究」

2004 ──────────────────────────── 156

D. J. グロス，H. D. ポリツァー，F. ウィルチェック 「強い相互作用の理論における漸近的自由性の発見」

2005 ──────────────────────────── 157

R. J. グラウバー 「レーザー光の量子論の構築」

J. L. ホール，T. W. ヘンシュ 「レーザー光による精密分光技術の開発」

2006 ──────────────────────────── 158

J. C. マザー，G. F. スムート 「宇宙背景放射の黒体放射スペクトルと異方性の発見」

2007 ──────────────────────────── 159

A. フェール，P. グリュンベルク 「巨大磁気抵抗効果の発見」

2008 ──────────────────────────── 161

南部 陽一郎 「自発的対称性の破れの発見」

小林 誠，益川 敏英 「CP対称性の破れの起源の発見」

2009 ──────────────────────────── 163

C. K. カオ 「光通信に使うグラスファイバーに関する革新的業績」

W. S. ボイル，G. E. スミス 「電荷結合素子（CCD）の発明」

2010 ──────────────────────────── 164

A. ガイム，K. ノボセロフ 「2次元物質グラフェンに関する革新的実験」

2011 ———————————————————————————— 165
　S. パールマター，B. P. シュミット，A. G. リース　「遠距離の超新星観測を通じた宇宙の膨張加速の発見」

2012 ———————————————————————————— 167
　D. J. ワインランド，S. アロシュ　「量子システムの計測と操作を可能にした実験手法の開発」

参考文献　　169
索　引　　170

1901

W. C. レントゲン　Röntgen, Wilhelm Conrad
1845-1923（ドイツ）
「X 線 の 発 見」

　1895年11月8日，放電管を使って陰極線の性質を調べる実験を行っていたレントゲンは偶然，奇妙な光景を目にした（陰極線とは放電管の陰極から出る放射線で，1897年，J. J. トムソンにより，その正体は電子の流れであることが突き止められる．放電管の解説は「1905年」参照）．暗くした部屋で，光が通らないよう黒いボール紙で覆った放電管のスイッチを入れたところ，近くに置いてあった蛍光物質を塗った紙が蛍光を発しはじめたのである．放電管と紙の間に分厚い本を置いても，あるいは放電管から2メートル以上紙を離しても，相変わらず蛍光を発しつづけていた．正体は不明ながら，陰極線が放電管のどこかにぶつかると，そこから透過性の異常に高い放射線が発生していたのである．正体不明であったので，それは"X線"と名づけられた．

　この年の12月22日，レントゲンは衝撃的な写真撮影に成功する．写真乾板の前にかざした妻の手にX線を当てると，手の骨と指輪の影が映ったのである．このニュースは驚きをもって瞬く間に，世界中を駆け巡った．そして，これがきっかけとなり，X線は医療の強力な診断手段として注目され，多方面で使われるようになり，今日に至っている．物理学の成果が医学に応用される嚆矢となった．

　一方，X線の発見に触発される形で，1896年，ベクレルがウラン化合物から放射能を，さらに1898年，キュリー夫妻がラジウムを発見している．そして，こうした一連の流れがミクロの世界に物理学が踏み入る契機となったのである．

　ノーベルはX線が発見されて間もない1895年11月27日，パリで，後にノーベル賞の制定につながる遺言状をしたためている．その中で物理学賞について，「物理学の分野において最も重要な発見または発明をした人物に贈る」と書いている．基礎科学的な発見だけでなく応用性の高い発明も評価したいという思いが，ノーベルにはあったのである．その点，いま述べたよう

に，X線はノーベルが重視した二つの側面の両方を満たすものであった．その意味でレントゲンは第1回のノーベル物理学賞に誰よりもふさわしく，彼の受賞がその後の物理学賞を方向づける指針となったといえる．

ところで，1901年はX線の発見から6年が経過していたが，この時点でもまだ，その正体は"X"のままであった．結晶を用いたX線の回折現象の解析から，未知の放射線が実は波長の短い（エネルギーが高い）電磁波であることがラウエによって突き止められるのは，1912年のことである（ただし，正体が明らかにされた後も，名称は変わらなかったが）．

その間，X線に関するおびただしい数の論文が多く科学者によって発表されているが，レントゲン自身は意外にもわずか3編の論文しか書いていない．しかも，1897年に著した「X線の特性に関するさらなる観測」を最後に，この分野の研究から手を引いてしまった．つまり，レントゲンがX線にかかわったのは発見からわずか2年間だけであった．科学界の喧騒をよそに，レントゲンがなぜ自分が掘り当てた物理学の金鉱脈からすっかり距離を置いてしまったのか，その理由もいまとなっては"X"のままである．

1902

H. A. ローレンツ　Lorentz, Hendrik Antoon
1853-1928（オランダ）

P. ゼーマン　Zeeman, Pieter
1865-1943（オランダ）

「放射現象に及ぼす磁気の影響の研究」

19世紀を代表する実験科学者ファラデーが最後の実験を行ったのは，1862年3月12日である．この日，ファラデーは光源（ナトリウムから出る光）を磁場の中に置き，光のスペクトルに磁気の影響がどのように現れるかを調べようとした．しかし，期待に反し，何の効果も検出されなかった．ファラデーは失意のうちに最後の実験を終えるが，光の放射に磁気が影響を及ぼすであろうという彼の読みは実は正しかったのである．ただ，当時の分光器の精度では，それがかなわなかっただけであった．

34年後の1896年，ファラデーの"遺志"を継ぎ，先達がやり残した実験

を甦(よみがえ)らせたのが，オランダの若手物理学者ゼーマンである．ゼーマンはファラデーの時代よりははるかに精度の高い装置を使って，電磁石の中に置いたナトリウム炎のスペクトルを観測した．その結果，ゼーマンはナトリウムのD線と呼ばれる黄色の輝線が磁場の作用により，複数のスペクトル線に分裂することを発見した（この現象は「ゼーマン効果」と呼ばれている）．光の放射と磁気には相互作用が働くとするファラデーの予想は的中したのである．ゼーマンはノーベル賞の受賞講演の中で，こうしたファラデーの先駆性を称賛している．

　ところで，ゼーマン効果は磁場をかけるとナトリウム原子は一つの振動数の光ではなく，いくつかの異なる振動数の光を放射することを示しているわけであるが，この発光現象を独自の電子論の視点で理論的に説明したのが，ゼーマンの師であるローレンツになる．ローレンツは原子の内部には負電荷を帯びた粒子（電子）が存在し，その振動によって原子から光が出てくるとするモデルを組み立てた．そこに磁場を作用させれば，荷電粒子である電子の振動のしかたには変化が生じ，それがスペクトル線の分裂となって現れると考えたのである．分裂したスペクトル間の隔たりから，ローレンツは電子の電荷と質量の比を計算で求めている．

　19世紀の末まで，原子はそれ以上分割できない物質の究極の単位と見なされていた．ところが，ゼーマン効果を通して，原子には電子というより小さな構成要素が含まれていることが示唆されたわけである．つまり，ゼーマン効果はたんに光の放射と磁気の相互作用を立証しただけでなく，原子の構造にも光を当てることになった．換言すれば，間接的にせよ，原子の中に電子を見たのである．

　物理学とは実験と理論が車の両輪の役割を果たして進歩する学問である．その意味で，ゼーマンが実験をローレンツが理論を担って研究を完結させることでノーベル賞を贈られたこの業績は，師弟コンビによる物理学を象徴する共同作業となった．

1903

A. H. ベクレル　Becquerel, Antoine Henri
1852-1908（フランス）
「ウランの放射能の発見」

P. キュリー　Curie, Pierre
1859-1906（フランス）

M. キュリー　Curie, Marie Sklodowska
1867-1934（フランス）
「放射能の研究」

　1895年，レントゲンによるX線発見の報（「1901年」参照）を耳にしたベクレルは，蛍光を発する物質は同時にX線も出しているのではないかと予測した．そこでベクレルは黒い紙で包んだ写真乾板の上に蛍光物質であるウラン化合物をのせ，日光にさらしてみた．太陽光を受けたウラン化合物が蛍光とともにX線を放射すれば，X線は黒い紙を透過して写真乾板を感光すると考えたのである．数時間後，紙を開いてみると，予想どおり乾板は黒化していた．この結果は早速，1896年2月24日，パリの科学アカデミーで報告された．しかし，話はこれで終わらなかった．事態は思わぬ展開を見せるのである．

　その後，パリは曇天が続いたため，ベクレルは黒い紙で包んだ乾板とウラン化合物の一式を机の引き出しの中にしまい込んでおいた．そして数日後，その一式を取り出し，紙を開けたベクレルはびっくり仰天する．乾板が前回よりも強く感光されていたのである．ということは，光を当てなくても，ウラン化合物は蛍光と関係なく，X線とは異なる透過性の高い放射線を出していることになる．実験を重ねたベクレルは，外から刺激を与えなくても自発的に放射線を生み出す能力（放射能）が化合物中のウラン元素にあることを突き止めた．いわば，予想が外れた"どんでん返し"が放射能の発見につながったのである．

　ベクレルはこの新しい放射線には気体を電離する作用があることを見出していた．そこに注目したのが，マリー・キュリーである．マリーは夫のピエール・キュリーがピエゾ電気（圧力をかけると結晶が電気分極を起こす現

象）を利用して開発した電位計を用いて気体の電離を測定し，トリウムからも放射線が出ていることを明らかにしている．さらにマリーはある種の鉱石がウランやトリウムよりも強い放射能を帯びていることに気がつく．そこでマリーは夫の協力を得て，1898 年，鉱石の中にポロニウムとラジウムという放射性の新元素を発見するのである．

なお，1900 年までに，これらの元素が出す放射線は磁場の影響の受け方や透過性の違いから，α 線，β 線，γ 線の 3 種類に分類された（α 線はヘリウムの核，β 線は電子，γ 線は X 線よりもエネルギーの高い電磁波であることが間もなく証明される）．また，1903 年にはピエール・キュリーが，ラジウムが放射線の発生に伴って放散する熱量を測定している．その結果，1 グラムのラジウムは 1 時間あたり約 100 カロリーの熱を生み出していることが見出された．これほどの熱量の放出は化学反応ではとても説明がつかず，一時は，エネルギー保存側が破綻しているのではないかと考えられたほどである．

この点について，1903 年のノーベル物理学賞授賞挨拶を行ったテルネブラド（スウェーデン王立科学アカデミー総裁）は，「放射能の発見は新しいエネルギー源の発見につながった」と述べたほどである．また，ピエール・キュリーはノーベル賞受賞講演（1905 年 6 月 6 日）の最後に，放射能が悪用されたときの恐ろしさを，ノーベルが発明した爆薬を引き合いに出して指摘している．利用のしかたを一歩間違えば，とんでもない災厄が降りかかると警鐘を鳴らしたのである．しかし，警鐘は効かなかった．その後の歴史は，おそらくピエール・キュリーが想像したであろう以上の悲惨な事態が招かれたことを示している．

1904
レイリー（J. W. ストラット）　Rayleigh (Strutt, John William)
1842-1919（イギリス）
「アルゴンの発見」

19 世紀も末になって，空気中に未発見の元素が——しかも，重量比で 1% あまりもの割合で——存在するとは誰も考えはしなかった．ところが，存在

したのである．それは1894年，レイリーとラムゼーが発見したアルゴンである．

空気中の気体の密度を高い精度で測定していたレイリーは1892年，ある奇妙な結果に気がついた．空気中から分離した窒素のほうが窒素化合物から抽出した窒素よりも，およそ1000分の5倍ほど重いのである．同じ元素に性質の違いなどあろうはずもないにもかかわらずである．この理由についてレイリーは，空気から分離された窒素には実はそれよりも重い新しい元素がわずかながら混入しているのではないかと考えた．

レイリーの興味深い報告にいち早く反応したのが，化学者のラムゼーである．二人は情報交換や議論を重ねながら独立に，新元素を取り出す実験を開始した．レイリーは空気と純粋酸素の混合気体に電気火花を当てて酸化窒素を合成し，それをアルカリ溶液に吸収させる方法を試みた．こうすれば，空気中の窒素を除去できる．ところが，こういう操作を施してもなお，微量ながら，窒素よりも重い気体が残留することをレイリーは確認した．一方，ラムゼーは窒素が高温に赤熱したマグネシウムと反応して化合物をつくる性質を利用し，空気中から分離した窒素を取り除く方法を試みた．しかし，この場合も同様に，窒素よりも重い気体がわずかに残っていたのである．

このように，レイリーとラムゼーが別々に行った実験は同一の結果を示していた．さらに，二人がそれぞれ得た残留気体の分光測定が行われ，両方とも既知の元素では説明できない同一のスペクトルが観測されたのである．こうなればもう，新元素の発見は間違いなかった．

ところで，この元素は化学反応をほとんど起こさず，原子のまま単独で存在していることが明らかにされた．そこから，「働かない」を意味するギリシャ語（anergon）にちなんで，アルゴンと命名されたのである．その後，ラムゼーはアルゴンと同じ性質を示すヘリウム，ネオン，クリプトン，キセノンを発見，これらは「希ガス」（不活性気体）と呼ばれるようになった．レイリーがノーベル物理学賞を受賞した年，ラムゼーには化学賞が贈られている．

なお，レイリーは広大な敷地と資産に恵まれたイギリス貴族である．屋敷に私設の実験室を構え，アルゴンもそこで発見されている．長いノーベル賞

の歴史の中で，こうした例はほかに見られない．そして，ノーベル賞の賞金を全額，母校ケンブリッジ大学に寄附したという太っ腹な行為もレイリー以外，寡聞にして知らない．

1905 P. E. A. レーナルト　Lenard, Philipp Eduard Anton von
1862-1947（ドイツ）
「陰極線の研究」

　19世紀の科学実験に盛んに使われた装置の一つに，放電管がある．低圧の気体を封入したガラス管の中に電極を取り付け，高い電圧をかけると放電が生じるように工夫したものである．放電を起こすと，管内の気体が発光することが早くから知られていた．19世紀後半になり，水銀真空ポンプが開発されると，真空度の高い放電管が導入され，これで放電させると，管のガラス壁が緑色の蛍光を発して輝き出すことが認められた．この現象に注目したヒットルフは1869年，陰極とガラス壁の間にいろいろな形状の物体を置いたところ，緑色に輝く壁に物体の影ができることを見出した．これは陰極から何かの放射線が出ているものと解釈され，やがて，その何かは「陰極線」と呼ばれるようになる．

　ところで，ここまでだと，当然の話ながら陰極線は放電管の中に封じ込められた状態にあり，一歩も外へは出てこない．したがって，そのままでは，陰極線が引き起こす効果や特性を調べるうえで制約がある．そこで，陰極線を外に取り出す方策を講ずることが必要になる．そのヒントを与えたのが，レーナルトの師で1888年に電磁波を検出したことで知られるヘルツである．ヘルツは1892年，陰極線が放電管の中に取り付けた薄い金属箔を透過することを観測した．この現象を発見したとき，ヘルツは大声でレーナルトを呼び，金属箔を透過した陰極線によって放電管のガラス壁が輝く様子を興奮気味に指し示したと，レーナルトはノーベル賞受賞講演で回想している．

　ところが，ヘルツは1894年，36歳の若さで早世してしまう．そこで，レーナルトが師の遺した仕事を受け継ぐことになる．

　レーナルトは1894年，放電管のガラス壁の一部を"窓"のようにしてア

ルミ箔で置き換え，この窓を通して陰極線を外に取り出すことに成功したのである．正体不明の放射線はついに，"囚われの身"を脱したことになる．自由の身となった陰極線を使えば，実験の幅は必然的に広がる．その結果，レーナルトは陰極線が空気を電離する効果や写真乾板に痕跡を残す現象，空気中での拡散などを観測している．また，ガラス壁からの蛍光発生や磁場による進路の偏向など放電管内で示す現象はすべて，管外でも同様に生じることが確認された．

レントゲンも1895年，レーナルトの"窓"がついた放電管を使って外に取り出した陰極線の特性を調べていたとき，偶然，X線を発見するのである．さらに，それが引き金となって，ベクレルの放射能，キュリー夫妻のラジウム発見へとつながることは，それぞれの項目（「1901年」「1903年」参照）で述べたとおりである．また，1897年，J.J.トムソンが陰極線の正体が電子であることを突き止めることになる（「1906年」参照）．

このように，レーナルトの陰極線の研究は19世紀末に起きた物理学の革命的な一連の流れの核となっていたといえる．その意味で，レントゲン，キュリー夫妻，J.J.トムソンがノーベル物理学賞を受賞した系譜の中で，1905年にレーナルトがその栄誉に輝いたのは，歴史的に見て，絶妙のタイミングであった．

1906

J.J.トムソン　Thomson, Joseph John
1856-1940（イギリス）

「電子の発見」

世界で最初に発見された素粒子は電子である．発見者はJ.J.トムソン，1897年のことになる．X線の発見と同様，これもきっかけは放電管の陰極から放射される陰極線の実験であった．

当時，陰極線は磁場をかけるとその進路が曲げられるが，電場には反応せず，進路の屈曲が生じないことが知られていた．そこから，陰極線はエーテルの振動であるとする説が唱えられていた（エーテルは空間に充満し，電磁波を伝える役割を担うとされた仮想媒質）．これに対し，異なる解釈を行っ

たのが J. J. トムソンである．彼は X 線によって電離した気体の研究に携わっていたことから，陰極線にも気体の電離作用が見られるのではないかと考えた．そうだとすると，電離した気体が外からかけた電場の効果を相殺してしまい，陰極線の進路に及ぼす影響が現れにくくなる．そこで，J. J. トムソンは放電管内を十分に排気し，真空度を高めたうえで，電場を作用させる実験を行った．すると予想どおり，陰極線の進路の屈曲が観測されたのである．

　こうして磁場と電場の作用を測定することで，その曲がり具合から，陰極線は負電荷を帯びた粒子の流れであることが結論づけられた．また，そのデータを用いて，陰極線の質量と電荷の比も求められた．その値はゼーマン効果（「1902 年」参照）から得られたものと一致し，陰極に用いる金属の種類によらないことが示された．また，1900 年には，β 線（「1903 年」参照）も陰極線と同一の粒子であることが，やはり，その質量と電荷の比の測定から明らかにされている．

　このようにして，19 世紀末，原子を構成する基本要素である電子の存在が確認されたのである．J. J. トムソンはノーベル賞受賞講演で，「この微粒子（corpuscle）はあらゆる種類の物質の一部を成し，原子を構成する"レンガ"の一つと見なせる」と述べている（J. J. トムソンはこのときまだ，electron という用語は使わず，電子を corpuscle と表現している）．

　もう一つの"レンガ"である原子核の存在を突き止め，電子と原子核からなる原子の構造を 1911 年に明らかにするのは，J. J. トムソンの門下生であるラザフォードである．また，J. J. トムソンの息子 G. P. トムソンは 1927 年，粒子である電子には同時に波動としての性質も備わっていることを結晶を用いた回折実験によって示し，1937 年のノーベル物理学賞を受賞している．父子で電子の二重性を明らかにしたわけである．

1907

A. A. マイケルソン　Michelson, Albert Abraham
1852-1931（アメリカ）
「干渉計の開発と分光学の研究」

ノーベル賞受賞者の人数を国別で眺めてみると，今日でこそ，アメリカが圧倒的優位に立っているものの，こうした傾向が強まるのは20世紀後半に入ってからのことになる．ノーベル賞の草創期には，アメリカはまだヨーロッパの後塵を拝していた．実際，物理学部門でアメリカ人最初の受賞者が生まれるのは，やっと1907年である．そして，その栄えある第1号となったのが，マイケルソンである．マイケルソンの次に1923年にミリカンにノーベル物理学賞がアメリカにもたらされるまで16年もかかっていることを考えると，マイケルソンはアメリカ物理学界のパイオニアであったことがわかる．

マイケルソンはドイツに留学していた1881年，ベルリン大学でヘルムホルツの指導のもと，後に彼の名前を冠して呼ばれるようになる「マイケルソン干渉計」を開発している．これは一つの光源から出た光を半透明の鏡で2本に分け，それによる干渉を利用して，光の速度や波長，屈折率，スペクトル線の幅や形状などを，ほかの追随を許さぬきわめて高い精度で決定することを可能にした装置で，光学分野の幅広い範囲で応用されるようになった．

マイケルソンへのノーベル物理学賞授賞が決定したとき，スウェーデン王立科学アカデミーのハッセルベルクはアメリカの天文学者ヘール（ウィルソン山天文台長）に宛て，わざわざ，こう書き送ったほどである．「今回の選考ほど最適の人物に決定したことはありません，レントゲン，ローレンツ，ゼーマン，ベクレル，キュリー夫妻，レイリー，レーナルト，J. J. トムソンといったこれまでの受賞者はたしかに皆，素晴らしい業績を挙げた人々であることは言うまでもありませんが，私としてはマイケルソンの仕事のほうがより基礎的な性格をもち，はるかに精密なものだと思います」(A. E. Moyer : Michelson in 1887, Physics Today, Vol. 40, No. 5, (1987))．

歴代のノーベル賞受賞者を引き合いに出してまでハッセルベルクがマイケルソンの干渉計を称賛しているのは，それだけ彼の研究が精密科学としての

物理学の基礎を築くのに大きく貢献したからであろう．

　ところで，マイケルソンの名前は1887年，モーレーとともに干渉計を用いて行った有名な実験を通しても歴史に刻まれている．当時，宇宙空間には「絶対静止」をしたエーテルと呼ばれる媒質が充満しており，その振動が光速で伝わる波が光（電磁波）と考えられていた．そうだとすると，エーテルに対して地球もまた動いているので，光の速度はその進行方向によって，地球と光の相対運動の分，違って見えるはずである．同じスピードで走行する車でも，それと同じ方向に移動する観測者と反対車線を行く観測者ではその相対速度が異なるのと同じ理屈である．

　ところが，マイケルソンとモーレーの実験では，どの方向に光を走らせても，光の速度はつねに同じであり，エーテルを基準にした地球の運動はまったく検出されなかった．マイケルソンの目論見は完全に外れたのである．これについてアインシュタインは1905年，相対性理論の最初の論文「運動物体の電気力学について」の中で，マイケルソンらの名前は挙げてないものの，彼らの試みを「エーテルに対する地球の運動を検証するのに失敗した実験」と表現している．

　結局，エーテルなど存在しなかったのである．音や水の波にはそれを伝える媒質が必要なことから，光にも何かその波動の担い手となる実体があるはずという思い込みが，19世紀を通じて強かった．そこから，古典物理学はありもしないエーテルの"亡霊"に取り憑かれていたといえる．そうした考えを否定したのは，アインシュタインにほかならない．

　その意味で，マイケルソンとモーレーの実験はたしかに失敗に終わったわけであるが，当初の目論見と外れたことが断定できたのは，マイケルソン干渉計の精密さがあればこそであった．結果としてみれば，それはエーテルの存在を否定する有力な実験的証拠となったのである．皮肉といえば，まさに歴史の皮肉である．

1908

G. リップマン　Lippmann, Gabriel
1845-1921（フランス）
「干渉現象によるカラー写真の研究」

　1837 年，パリの劇場で背景画家をしていたダゲールが露光したヨウ化水銀板を水銀蒸気で現像し，映像を食塩水により定着する方法を開発した．写真の発明である．ただし，それは白黒写真であった．やがて，対象物の像を記録するだけでは物足りず，色彩も再現したいという要求が芽生えてきた．光の干渉を利用して，その要求に応えたのがリップマンである．

　シャボン玉や真珠の表面の薄い層では入射光と反射光の間で，干渉が生じる．その際，層の厚さと反射光の波長との関係で決まる色が現れる．リップマンは 1891 年，この現象を応用し，ガラス板の上に感光層を塗布し，その上に反射鏡の役割をする水銀を接触させて，色の再生に成功したのである（光の三原色ごとに記録する現在のカラー写真とは原理が異なる）．

　ノーベル賞受賞講演でリップマンは，色の再生のデモンストレーション実験を行っている．これはノーベル賞の歴史の中で珍しい例だと思われるが，カラー写真という受賞理由を考えると，インパクトの強いパフォーマンスになったことであろう．

　リップマンが開発したカラー写真は鮮明さに問題があり，また高価なことから，実用化には至らなかったものの，後にその原理はレーザーの干渉によるホログラムに応用されるようになった．

1909

G. マルコーニ　Marconi, Guglielmo
1874-1937（イタリア）
K. F. ブラウン　Braun, Karl Ferdinand
1850-1918（ドイツ）
「無線通信の開発」

　マクスウェルが理論的に予言した電磁波をヘルツが火花放電を起こして，実際に発生させたのは 1888 年のことである．ただし，それは実験室での出

来事で，電磁波を発信させる電気振動回路とそれを受信する検波器との間の距離は高々数メートルにすぎなかった．この距離を大幅に伸ばし，電線を介せずに電気信号を遠くまで送る可能性を検討したのが，マルコーニである．ヘルツが亡くなった翌1895年，21歳の若さで，マルコーニは実験に着手している．

　ヘルツが用いた装置に改良を加えたマルコーニは電波（周波数の高い電磁波）の到達距離を徐々に伸ばし，早くも1899年には，ドーバー海峡を横断してイギリスとフランスの間の通信に成功している．さらに1901年12月12日，イギリスから送られたモールス信号が大西洋を越え，カナダの東海岸に位置するニューファンドランド島で受信された．

　ところで，マルコーニが開発した通信方法には，当初，電波信号が送信中に減衰するという欠点があった．これを補正したのが，ブラウンである．ブラウンは1898年，無火花式無線電信と呼ばれる発信方法を考案し，減衰しにくい強い電波を発生させることに成功した．火花放電によって電波の出力を上げようとしても，あるところまでくると，電波をつくる火花が同時に，つくった電波を破壊してしまい，出力が上がらなくなることがわかっていたからである．この現象をブラウンは「わが子を食うサトゥルヌス」と表現している（スペインの画家ゴヤがローマ神話を題材に描いた「わが子を食うサトゥルヌス」という，有名なおぞましい絵にちなんでいる）．"サトゥルヌス"を退治したブラウンの方式が，無線通信の長距離化を可能にしたのである．

　マルコーニはノーベル賞受賞講演の最後に，「将来は地球の反対側にも少ない費用で電文を送ることもできるようになると思うが，いまはまだ，それは空想の域を出ない」と語っている．マルコーニの夢が空想ではなかったことは，その後の科学技術の進歩が示すとおりである．

1910
J. D. ファン・デル・ワールス　van der Waals, Johannes Diderik
1837-1923（オランダ）
「気体および液体の状態方程式の研究」

　ボイル-シャルルの法則によれば，気体の圧力と体積の積は絶対温度に比例するという単純な状態方程式（$pV=nRT$）が成り立つ．しかし，この関係がそのまま適用できるのは理想気体（現実には存在しない，諸条件を理想化した気体）の場合のみで，実在の気体はすべてボイル-シャルルの法則から外れている．そこで，1873年，理想と実在の気体の間で食い違いが生じる原因は，分子同士に働く引力と分子がもつ固有の体積にあると仮定し，現実に即した状態方程式を導き出したのがファン・デル・ワールスである（換言すれば分子間の引力も体積もゼロ，つまり実体としての存在感がないのが理想気体ということになる）．

　ところで，やや意外に感じるかもしれないが，この時代，原子や分子の概念は確立されていたものの，それはいわば化学反応を説明するうえで便宜的に導入された記号であり，実体として，そのような粒子が存在するわけではないと考える科学者も少なからず見られた．こうした反原子論の急先鋒には，マッハやオストヴァルトといった大物科学者もいた．マッハは自分の前で原子や分子について語る人がいると，「あなたはそれを見たのですか？」と詰問し，相手を黙らせたという．

　代わって，反原子論者が拠り所としたのは，エネルギーである．19世紀の半ば，熱力学が構築され，定量的な測定が可能で相互変換性が確認されていたエネルギーは，反原子論者にとって，"目に見えない"原子，分子などよりもはるかに手応えを感じる実体であった．そこから，諸現象はすべて，エネルギーに基づいて説明がつくと見なされたのである．

　原子論者と反原子論者の論争に最終的な決着がつくのは20世紀初頭まで待たねばならなかったが，1873年，ファン・デル・ワールスは分子を実在の粒子と確信し，そこに引力の作用と有限の体積という具体的な属性を付与した．そして，いずれも分子の集団からなる気体と液体を連続したものと見なし，実験データを用いて，ボイル-シャルルの法則からずれる実在の気体

の状態方程式を提唱したのである．それによって，気体から液体への連続的な相転移が扱えるようになった．この成果は気体の液化を通じて，低温物理学という新しい分野の創設につながることになる．

1823年，ファラデーは塩素ガスに圧力を加え，急速に冷却することによって，塩素の液化に成功している．さらに1845年には加圧，冷却の方法を改良して，炭酸ガス，塩化水素などの液化を行っている．ただし，いくら圧力を上げても，一般に気体はそれぞれ固有の臨界温度以下にしない限り，液化されないことが，ファン・デル・ワールスの状態方程式から理論的に示された．それに基づいて，19世紀末，酸素，一酸化炭素，窒素，水素などが極低温まで冷却され，順次，液化されることになる．液化を最後まで拒み続けたのは不活性ガスのヘリウムであるが，これも1908年，カマーリング・オンネスにより，絶対零度に近い臨界温度でついに液体に凝縮された（「1913年」参照）．

状態方程式が提唱されてから37年が経過した1910年にファン・デル・ワールスがノーベル物理学賞を受けたのは，こうした一連の気体液化実験が続き，難攻不落であったヘリウムもその軍門に下ったという事実が大きく影響したのであろう．

1911

W. ヴィーン　Wien, Wilhelm
1864-1928（ドイツ）
「熱放射の法則に関する研究」

1900年4月27日，大物理学者ケルヴィンはロンドンの王立研究所で行った講演で「熱と光を運動の一形態として説明しようとする力学理論の美しさと明晰さの上に，いま，19世紀の二つの暗雲がおおいかぶさろうとしている」と語っている．ケルヴィンが指摘する"暗雲"の一つはエーテルを基準にした地球の絶対運動の測定（「1907年」参照）であり，もう一つがヴィーンの理論がかかわった熱放射の問題である．いずれも，当時の物理学がその解釈と説明に手こずっていた現象で，ケルヴィンはそれを暗雲と表現したわけである．前者はやがて特殊相対性理論によって解決され，後者は量子論の

誕生につながる要因となった．

なお，熱放射とは，熱せられた物体がその温度に依存したスペクトルの電磁波を放射する現象である．簡単にいうと，温度によって物体の色が変化するということである（たとえば，鉄は常温では黒っぽいが温度の上昇とともに赤みを帯び，さらに白熱してくる）．当時，鉄鋼業の振興に伴い，高い温度を精確に測定するという実用的な要請が生じていた状況からも，熱放射の研究は注目されはじめていた．

1895年，ヴィーンはこの現象を調べるために，等しい温度の壁に囲まれた空洞の装置を導入した．こうすると壁から放射される電磁波と壁に吸収される電磁波が平衡状態に達し，そのスペクトルは温度だけで決まることになる．ただし，このままでは中の様子が見えないので，空洞の壁に小さな窓を開け，そこから漏れ出てくる電磁波を観測するのである．ヴィーンが提唱した実験方法により，熱放射の測定は格段に精密なものとなった．ヴィーンは1896年，この方法を用いて1400 Kまでの温度範囲で測定を行っている．

さらにヴィーンはこの年，熱放射を分子運動論に立脚して考察し，測定結果とよく一致する熱放射のエネルギー分布式を理論的に導き出している．これによって，放射エネルギーの最大値を示す電磁波の波長と空洞の温度を対応づける簡単な関係が求められた．このように，ヴィーンは一人で実験と理論の両面で先駆的な業績を挙げたのである．

これで一件落着かと思われたが，事態は思わぬ急転回を見せる．その後，熱放射のスペクトルが当初よりも長い波長領域まで拡げて測定されるようになると，こうした長波長領域ではヴィーンが導いた分布式からのずれが大きいことが明らかにされた．一方，このずれを解消する分布式がレイリーによって提唱されるが，レイリーの式は逆に短い波長領域に入ると，測定とは一致しなかった．まさに「帯に短し，襷に長し」の観を呈したのである．

結局，この問題は1900年プランクが提唱した斬新な分布式によって測定との一致が得られ解決がはかられた（「1918年」参照）．ケルヴィンが指摘した"暗雲"の一つがやっと晴れるのである．ただし，プランクの分布式には，放射のエネルギーを不連続量として扱う量子仮説が用いられていた．これは当時の古典物理学では許されない仮定であった．測定と一致させるた

め，プランクはいわば"禁じ手"を使ったのである．そして，プランクの量子仮説について明確な物理的解釈を下したのが，1905年に発表されたアインシュタインの光量子仮説である（「1921年」参照）．これもまた，粒子と波の二重性という古典物理学の常識をひっくり返す前提の上に成り立っていた．

というわけで，いまから振り返ってみれば，古典物理学の枠内で熱放射を記述しようとしたすべての理論はしょせんは，破綻する運命にあったのである．にもかかわらず，ヴィーンにノーベル賞が贈られたのは，空洞を利用した精度の高い実験を創案した業績と量子論の扉を開けるきっかけをつくった点が評価されてのことなのであろう．

1912

N. G. ダレーン　Dalén, Nils Gustaf
1869-1937（スウェーデン）

「灯台や灯浮標の照明用ガス貯蔵器の自動調節装置の発明」

ノーベルは遺言書の中に「賞は国籍もスカンジナビア出身か否かも問わず，最も重要な貢献をした者に贈る」よう明示している．今日でこそ，分野を問わずにグローバル化が叫ばれ，国際的な視野に立っての判断が迫られてはいるが，19世紀末はまだ，民俗主義，国家主義が強く前面に押し出される時代であった．にもかかわらず，ノーベルは選考において業績だけを重視し，ほかの条件は排除するよう望んだのである．先見の明があったと高く評価すべきであろう．

実際，1911年まで，ノーベルの祖国スウェーデンからノーベル物理学賞受賞者は一人も生まれていない．その栄えある第1号となったのが，1912年のダレーンである．ただ，それまでの受賞者の顔触れと比べると，ダレーンの業績はかなり異質に映る．もう少し有体にいえば，灯台や灯浮標（聞き慣れない言葉であるが，海に浮かぶ明滅するブイのこと）に用いるガス貯蔵器の自動調節装置の発明がはたして，物理学賞の対象となるのかという違和感を覚える．スウェーデン王立科学アカデミーのゼーラルバウム総裁が行った授賞の挨拶によると，ダレーンの発明はガスの消費を抑え，夜間のみに点

灯することを可能にしたことから保守点検の負担が軽減され，スウェーデンの海域で広く利用されるようになったと紹介されている．なるほど，技術面での革新と実用化に果たした役割は大きかったようであるが，それだけにかえって，物理学の範疇(はんちゅう)に押し込むのは，いささか無理があるような印象を受ける．

ちなみに，この年のノーベル物理学賞には6人がカマーリング・オンネスを，7人がプランクを推薦している（彼らはそれぞれ1913年と1918年に受賞することになる）．一方，ダレーンを推したのは，スウェーデンの科学者一人だけであった．選考に際し，ノーベルの遺言は尊重しつつも，この辺で彼の祖国からそろそろ受賞者を誕生させたいという思惑がはたらいたのではないかと書いたら，勘繰りすぎであろうか．

なお，受賞の年，ダレーンは実験中の事故で失明，授賞式への出席はかなわなかった．

1913　H. カマーリング・オンネス　Kamerling-Onnes, Heike
1853-1926（オランダ）
「液体ヘリウムの生成と低温物理の研究」

19世紀後半，気体の液化に関する研究はアンドルーズ，カイユテ，ピクテ，デュワーらの実験とファン・デル・ワールスの理論（「1910年」参照）により，急速の進歩を遂げた．そして，1908年，カマーリング・オンネスが最後まで残ったヘリウムの液化に成功している．そのときの実験データによると，ヘリウムの沸点は $4.25\,\mathrm{K}$，臨界温度は $5\,\mathrm{K}$，臨界圧力は2～3気圧と報告されている．このとき，熱を供給せずに液体ヘリウムを蒸発させ，$1.15\,\mathrm{K}$ という当時としては最も低い温度が実現されたのである．これによって，極低温における物質の諸性質の研究が一気に進むことになる．絶対零度付近の物理現象はそれまで知られていなかっただけに，カマーリング・オンネスは物理学を"未体験ゾーン"に引き込んだのである．

その成果は，早速現れた．1911年，カマーリング・オンネスは極低温において金属の電気抵抗がどのように変化するのか測定を試みた．古典物理学

の常識に照らせば,絶対零度とはすべての粒子の運動が停止する温度である.したがって,電子も凍てついて流れず,電気抵抗は無限大になると予測される.

ところが,事態はまったく逆であった.カマーリング・オンネスは4.2 Kの温度で水銀の電気抵抗が突然,ゼロになることを発見する.徐々に電気抵抗が減少するのではなく,4.2 Kで不連続な変化が見られたのである.この温度以下に保ちさえすれば,電気抵抗は消失し(したがって,オームの法則は破綻し),金属の中を永久電流が流れ続けることが示された.電気抵抗がストンとゼロに向かって落ちる様子を表すグラフはいま見ても衝撃的である.こうして超伝導現象は発見された.受賞理由には超伝導の言葉は出てこないが,これだけでも十分,ノーベル物理学賞に値する業績といえる.

ところで,温度に対する電気抵抗の不連続な変化(しかも,突然の消失という異常な現象)は,そこで新しい相転移が起きたことを示していた.カマーリング・オンネスはノーベル賞受賞講演の中で,この相転移は古典物理学では説明がつかず,量子論による効果ではないかと述べている.まさしく,そのとおりであることが,1957年,アメリカの3人の物理学者によって理論的に証明されるわけであるから,実験家でありながら,カマーリング・オンネスが見せた慧眼には驚かされる(「1972年」参照).

1914

M. T. F. ラウエ　Laue, Max Theodor Felix von
1879-1960(ドイツ)
「結晶によるX線回折の研究」

放射性元素から出てくるα線がヘリウムの原子核であることは,1908年,ラザフォードによって突き止められた.また,β線が電子,γ線が短波長の電磁波であることも,このときすでに明らかにされていた.ところが,これら3種の放射線が発見されるきっかけをつくったX線の正体がラウエによって解明されるのは,遅れて1912年になる.レントゲンによってX線が発見されてから(「1901年」参照),「X」が取れるまで,17年を要したわけである.

X線は陰極線つまり電子が物質に衝突したときブレーキがかかり，徐々にエネルギーを失う過程で発生する．一般に荷電粒子が速度を変えると電磁波が放射されることが知られていたので，X線は可視光の1万分の1くらいの短い波長（10^{-10}〜10^{-9}センチメートル）をもつ電磁波ではないかとする説が唱えられていた．

　そこで，ラウエは短い波長に見合った適当な回折格子を用いれば，X線が干渉を起こすのではないかと予測した．干渉は19世紀のはじめ，ヤングが光の波動説を証明するのに利用した波動特有の効果である．ただし，光の場合は人工的につくったスリットを用いればよかったが，光よりもはるかに波長が短いと推測されるX線にはそれが適用できない．そうなると，それに代わる何かを探さねばならない．ここで注目されたのが，結晶という天然の回折格子である．

　結晶は劈開面(へきかい)（原子の結合力の弱い面）の特徴から，原子が3次元的に規則正しく配列したものと考えられていた．また，アヴォガドロ数や結晶の密度，分子量などの実験値に基づいて，原子間の距離（格子定数）がおよそ10^{-8}センチメートル程度と見積られていた．この間隔は推定されるX線の波長に照らし合わせると，回折格子として好都合なサイズであったのである．

　ラウエはまず，波動光学における1次元格子による回折理論を3次元の空間格子（結晶）にも適用できるように拡張した．そして，1912年，若手物理学者のフリードリッヒとクニッピングにX線回折の実験を実施させたのである．その結果，結晶にX線を照射すると，写真乾板の上に規則性をもって並んだ斑点（X線の強度が最大となる点）の像が現れ，それはラウエの理論から予想されるとおり，結晶で散乱されたX線の干渉によって形成されたものであった．

　こうして，ラウエの理論と実験により，X線が短波長の電磁波であることが明らかになったのである．

　なお，ラウエへの授賞は1914年度のものであるが，その決定は1915年11月11日に成されている．

1915

W. H. ブラッグ　Bragg, William Henry
1862-1942（イギリス）
W. L. ブラッグ　Bragg, William Lawrence
1890-1971（イギリス）

「X線による結晶の構造研究」

　1915年は，ノーベル物理学賞を父と息子が同時に受賞するという，大変珍しい年となった（時代を置いて親子2代のノーベル賞桂冠者は5組を数えるが，同時にその栄に浴したのはいまも，ブラッグ父子一組だけである）．もう一つ特筆すべき点は，このとき，息子のW. L. ブラッグはまだ弱冠25歳という若さであった．彼が打ち立てた最年少記録はいまも破られておらず，20代の受賞者はW. L. ブラッグ以外一人も現れていない．

　さて，ブラッグ父子の受賞理由はラウエの研究と深くかかわっている（「1914年」参照）．X線がつくり出す干渉パターンは，X線の波長と3次元のスリットに見立てた空間格子の構造によって決まるため，ラウエの理論と実験は見方を変えれば，X線の干渉を利用して結晶内の立体的な原子配列を決定する手段を提示したと見なせる．この方向に研究を進めたのが，ブラッグ父子ということになる．

　ラウエは実験によってX線の波動性を実証したわけであるが，彼が導入した波動光学の理論は結晶によるX線のさまざまな散乱を考慮しなければならず，その分きわめて複雑であった．したがって，ラウエの理論はそのままでは，結晶の構造を決定するには不向きであった．そこで，W. L. ブラッグはその目的にかなうよう，理論の単純化を試みた．

　彼は結晶を原子がその上に規則性をもって配列された平行な平面（これを「網平面」と呼ぶ）の集まりと見なし，X線はこの網平面で順次，反射されると考えた．たとえてみれば，金網を一定間隔の距離をおいて，何枚も平行に重ねたような構造を思い浮かべればよい．このとき，網の格子点が原子の位置に相当する．各網平面で反射されたX線はそれぞれ同じ方向に進み，干渉を起こすことになる．その際，波の山と山，谷と谷が重なるようにX線が反射されれば，その方向にラウエが観測した干渉パターンの斑点が現れる

というわけである．

　このようにして反射X線が強め合う条件は，X線の波長λ，網平面間の距離d，網平面に対するX線の入射角θによって決定されるが，1912年の秋，W. L. ブラッグはこれら三者の間に成り立つ関係式「$n\lambda = 2d\sin\theta$（nは整数）」を導き出している．その論文は翌年，「結晶による短波長電磁波の回折」と題して発表された．23歳のときである．W. L. ブラッグが導出した簡潔で美しい式（ブラッグ条件）はその後，結晶構造研究の理論的基盤となった．

　一方，父親のW. H. ブラッグはX線分光器（X線の波長分布を測定する装置）を開発している．この装置を用いて強い反射を起こすX線の波長を調べ，そのデータをブラッグ条件に当てはめると，結晶内の原子配列が読み取れるというわけである．今日，食塩やダイヤモンドの原子配列を示した立体模型は理科の教科書などでお馴染みであるが，こうしたことが明らかにされるのは，理論と実験で二人三脚を果たしたブラッグ父子の業績なのである．

　1953年，DNAの二重らせん構造が突き止められるのも，この研究の延長線上の出来事になる．ウィルキンズらが撮影したX線回折写真を手がかりにして，キャヴェンディッシュ研究所のワトソンとクリックが二重らせんモデルを提唱している．このとき，同研究所の所長をつとめていたのが奇しくもW. L. ブラッグである．彼が父と開発した解析手法は40年後，DNAのような多数の分子からなる複雑な構造の物質まで，その守備範囲に収めるようになったのである．

1916　　　　　　　　　　　　　　　　　　　　受賞者なし

1917

C. G. バークラ　　Barkla, Charles Glover
1877-1944（イギリス）
「元素の特性X線の発見」

　ノーベル物理学賞は1914年のラウエ，1915年のブラッグ父子，そして

1917年のバークラと3回続けて，X線に関する研究に贈られることになった（1916年は受賞者なし）．それは取りも直さず，X線がミクロの対象の重要な情報をたくさんもたらしてくれるという証左にほかならない．

ところで，X線は波長が示す特徴から連続X線と特性X線（固有X線ともいう）の2種類に大別される．放電管から発生するX線は前者である．放電管の陰極から出た電子は陽極の金属に衝突する．そのまま電子が金属の中に突入すると，徐々にブレーキがかかり，やがて止まってしまう．その過程において，電子は当初（突入時）もっていた運動エネルギーを連続的に失い，それがX線に変換されるわけである．したがって，発生するX線の波長もある幅の範囲で，連続的に分布する．これが連続X線である．

これに対し，X線を物質に当てるとそこから2次放射のX線が必ず発生することが知られていたが，1906年，バークラはこの2次X線が単色つまり一定の波長しかもたないことを発見した．波長がある幅で広がりをもつのではなく，線スペクトルを示したのである．また，2次X線の波長は当てるX線によらず，物質を構成する元素に特有なものであることが明らかにされた．これが特性X線である．換言すれば，特性X線の波長を測定すれば元素の種類が特定できることになる．

さらにバークラはその透過能によって，特性X線が2種類に分けられることに気がついた．物質に対する透過能の大きい特性X線をK系列，小さいほうをL系列と名づけ，前者についてはカルシウムからセリウムまで，後者については銀からビスマスまで系統的に測定している．そして，K系列とL系列のデータから，原子の内部構造に関する情報がもたらされることになった．

1911年，ラザフォードが有核原子モデル（正電荷を帯びた核のまわりを電子がまわるとする原子モデル）を発表，それを受けて1913年，ボーアが原子核のまわりをまわる電子の安定性を説明する原子構造論を提唱した（「1922年」参照）．K系列とL系列からなる特性X線はこうした理論研究を支持する有力な証拠となったのである．バークラの特性X線の発見はラウエやブラッグ父子の業績よりも先に行われていながら，ノーベル物理学賞の受賞が彼らの後になったのはこのためであった．

なお，バークラへの授賞が決定したのは，1918年11月12日である．

1918 M. K. E. L. プランク　Planck, Max Karl Ernst Ludwig
1858-1947（ドイツ）
「量子仮説の提唱」

　この年は，古典物理学から決別し，量子論の扉を開くきっかけをつくったプランクがノーベル物理学賞を受賞している（授賞の決定は1919年11月13日）．

　19世紀末，高温物体が温度に依存した電磁波のスペクトルを示す熱放射の現象が高い関心を集めていた．1896年，ヴィーンが測定される熱放射のエネルギー分布を記述する理論式を導き出した（「1911年」参照）．ところが，やがて長波長領域まで測定が行われるようになると，ヴィーンの分布式は測定値からずれることが指摘された．これを補正すべく提唱されたのがレイリーの分布式であるが，逆にこちらは短波長領域で測定値と一致しなかった．というわけで，電磁気学や熱力学，統計力学を駆使しても，当時の物理学は一見さもないように思われた熱放射現象の説明にてこずっていたのである．

　古典物理学がすっかり行き詰まってしまった局面を打開したのが，1900年12月14日にドイツ物理学会の例会で行われたプランクの「正常スペクトルにおけるエネルギー分布の法則の理論」と題する講演である．プランクは熱放射を多数の微小な電磁的振動体（これが具体的に何を指しているかの説明はないのだが）の集合から発せられる電磁放射という前提のもとに試行錯誤を重ね，全波長領域にわたって熱放射のエネルギー分布の測定結果と一致する理論式をついに導き出したのである．ただし，そのためには，放射エネルギーは不連続な変化を示すとする古典物理学では決して許されない条件を仮定せざるを得なかった．

　いま，微小な振動体の振動数を ν とすると，それにある定数 h（プランク定数）を掛けて $h\nu$ というエネルギー量を想定することが——あくまでも人為的な操作ではあるが——できる．ここでプランクは熱放射で出てくる振動

数 ν の電磁波のエネルギーは，この $h\nu$ を単位として，その整数倍の値しか取れないと仮定したのである．古典物理学ではエネルギーはあくまでも連続量であり，こうした離散的な制約は受けることはあり得ない．

では，なぜこうすると，熱放射の問題が解決するのか，この時点では，プランク本人にもわからなかったが，物理量（いまの場合はエネルギー）がある塊を単位として飛び飛びの値で変化する「量子」という概念が提唱された．これが量子仮説である．

この不思議な量子仮説に秘められた物理的意味を明らかにするのは，1905年に発表されるアインシュタインの光量子仮説である（「1921 年」参照）．また，ボーアが 1913 年に展開する原子構造論も，プランクの量子仮説に依拠していた（「1922 年」参照）．こうして量子仮説は定着していくのであるが，興味深いことに，プランクはノーベル賞受賞講演（1920 年 6 月 2 日）でこう述べている．「熱放射の法則の導出が真に物理学的な考えに基づいていたのであるとすれば，そこには新奇な何かが現れたのであり，あらゆる因果的関係の連続性の仮定の上に成り立つ物理学的思考を根底から改めなければならない．」

量子仮説を提唱して 20 年を経てもなお，プランクにはまだ，自説に対するある種の戸惑いがあった．古典物理学からの脱皮は，かくも大きな変革だったのである．

1919

J. シュタルク　Stark, Johannes
1874-1957（ドイツ）

「陽極線のドップラー効果とシュタルク効果の発見」

陽極線という言葉は今日，ほとんど使われないが，19 世紀末，放電管の実験の中で発見された正電荷の粒子線（陽イオンのビーム）である．陰極線（電子）の対語といえる．陽極線は放電管内の気体分子に衝突すると発光することが当時知られていた．1905 年，シュタルクはこの発光現象を観測しているとき，ドップラー効果が起きていることを発見したのである．つまり，観測者に対する陽極線の運動状態（速度や進む方向）によって，スペク

トル線（色）が変化するのである．光のドップラー効果は星のスペクトル観測を通してすでに知られていたが，実験室の光源でこの現象をとらえたのは，シュタルクがはじめてである．

1913年，この研究の延長線上でシュタルクは彼の名前が冠せられることになる，新しい効果を発見する．光を出している水素原子に強い電場を作用させると，スペクトル線が複数に分裂する現象が見られたのである．これは1896年，ゼーマンが磁場のもとで発見したゼーマン効果（「1902年」参照）と同様の現象が，電場のもとでも生じることを示していた．磁場と電場の作用の類似性は当然，予想はされていたものの，シュタルクによって実際に発見されるまで17年を要したのである．

シュタルク効果のメカニズムは古典物理学では説明がつかず，量子論で記述されることになり，ボーアの原子構造論（「1922年」参照）を支持する有力な実験証拠の一つとなった．

1920
C. E. ギョーム　Guillaume, Charles Edouard
1861-1938（フランス）
「アンバーの発見による精密測定」

受賞理由にある「アンバー」とは，ニッケル鋼の一種で，線膨張率がきわめて小さい（鉄やニッケルの約10分の1）という特長をもつ合金であり，1897年，ギョームによって発見されている．この特性はふつうの熱膨張と磁気的体積収縮の相殺によるものと考えられている．このように温度が変化しても膨張が事実上ゼロという特性は，度量衡の精密測定に利用されることになった．

ここで話はいったん，18世紀末に遡る．フランス革命最中の1792年，パリ科学アカデミーは同一子午線（地球の両極を通る大円）に位置するダンケルクと地中海に面したスペインのバルセロナ間の測量に着手した．革命の混乱のため作業は難航したが，6年余の歳月をかけて測量は完了した．その結果をもとに子午線の全長が算出された．そして，その4000万分の1の長さを刻印した白金製のメートル原器が，1799年に作製されたのである．こう

して，長さの単位メートルが定められたが，それがほかの国々にも普及するには，しばらく時間を要した．国際メートル条約が締結されるのは1875年のことであり，このとき，1799年につくられた原器をもとに，白金とイリジウムの合金からなる新しい国際メートル原器が作製され，その複製が条約に加盟した各国に配布されたのである．

しかし，配布された複製は非常に高価であり，手軽に科学研究（もっと高い精度を必要とする作業）に使用することはできなかった．そこで，安価で手に入り，なおかつ，熱膨張による誤差がきわめて小さい測定器の開発は不可欠であった．こうした要請に応えたのが，ギョームが発見したアンバーというわけである．

ここで，度量衡のその後の歩みを簡単に触れておくと，1960年に「クリプトン原子（^{86}Kr）が出す橙色の光の波長の165万763.73倍を1メートルとする」という新しい定義が国際度量衡会議で採択された．メートル原器を基準にしたハードなものから，光の波長というソフトなもの（換言すれば，人工的な物差しから自然の物差し）へと移り変わったのである．さらに1983年，「光が真空中を2億9979万2458分の1秒の間に進む距離を1メートルとする」という定義に変更され，今日に至っている．

1921

A. アインシュタイン　Einstein, Albert
1879-1955（ドイツ）

「理論物理学の業績，とくに光電効果の法則の発見」

アインシュタインと聞けば誰しも，まずは相対性理論を思い浮かべるであろう．しかし，意外にもノーベル賞の受賞理由にはその肝心な業績が明示されていない．なぜなのであろうか，ちょっと不思議な気がする．アインシュタインを顕彰する授賞の挨拶を行ったのはスウェーデンが誇る大科学者アレニウスである．挨拶の冒頭でアレニウスはこの点について，次のような興味深い指摘をしている．まず，相対性理論は基本的に認識論の問題であり，哲学者の間で議論が盛んであると述べている．ではあるが，一方において，アインシュタインの理論は天文学の観測によって，その正しさが厳密に実証さ

れているというのである．

　前者の指摘は主として1905年に発表された特殊相対性理論にかかわる内容であろう．アインシュタインが導き出した光速度不変の原理に依拠すれば，時間と空間はもはや絶対的なものではなく，観測者の運動状態による相対的な量となり，われわれの常識，実感とは大きく乖離してしまう．こうした時間，空間の概念の根本的な変革が哲学的な議論を喚起したであろうことは想像にかたくない．そうなると，ノーベル物理学賞の直接の対象としては，やや異質と見なされるということなのであろう．

　後者の天文学上の観測は，1916年に構築された一般相対性理論の検証を指している．この理論に従えば，重力場の作用で時空に歪みが生じることになるが，1919年，皆既日食の際，恒星の光が太陽の重力によって，アインシュタインの計算どおり屈曲することが観測されたのである．また，すでに19世紀から知られていた水星の近日点移動も，やはり太陽の重力が作用する一般相対性理論の効果であることが明らかにされた．これらは認識論の問題ではなく，理論と観測の一致を示すものであったが，天文学上の現象ということで，当時としてはまだ，ノーベル物理学賞の範疇にすっぽりとは収まらなかったようである．

　ところで，アインシュタインがはじめてノーベル賞にノミネートされるのは1910年である．その5年前，アインシュタインは特殊相対性理論だけでなく，光量子仮説とブラウン運動の理論に関する論文を発表している．このうち，光量子仮説が光電効果の特徴をみごとに説明し得ることから，アインシュタインのノーベル賞につながったわけである．

　光電効果とは物質に光を当てると電子が放出される現象で，19世紀末にレーナルトが行った実験から，次の三つの重要な特徴が見出されていた．(1) 電子が放出されるためには，当てる光の振動数が物質の種類ごとに決まるある一定の値以上でなければならない．(2) 振動数がその値以上であれば，光の強度に比例して，放出される電子の数が増加する．(3) 放出される電子の最大速度は，当てる光の振動数とともに増大する．

　ところが，当時考えられていたように光を波動と見なすと，いま述べた光電効果の三つの規則性がまったく説明がつかなかった．

アインシュタインはこれに対し，光は波動であると同時に条件によっては，エネルギーをもった粒子（これを光量子あるいはたんに光子と呼ぶ）としても振る舞うという仮説を導入した．こう仮定すると，光電効果は物質内の電子と光量子という粒子の衝突としてとらえられ，レーナルトが発見した現象がみごとに解明されたのである．こうした粒子と波の二重性という概念は，古典物理学ではあり得ないまったく新しい描像である．

アインシュタインが初めてノーベル賞にノミネートされた翌 1911 年，指導的立場にあった各国の物理学者がブリュッセルで一堂に会し，物理学の基礎的な問題を議論するソルヴェー会議が開かれた．アインシュタインも招待されているが，このときのテーマがまさしくアインシュタインが提唱した粒子と波の二重性にかかわる「放射の理論と量子」であった．そして，この二重性は光電効果だけでなく，1920 年代後半に確立される量子論のキーワードとなるのである．このような流れを追っていくと，ノーベル賞の受賞理由は，相対性理論だけがアインシュタインを象徴する業績ではないことを如実に物語っていることがわかる．

なお，アインシュタインへのノーベル賞授賞は 1922 年 11 月 9 日に決定され，1921 年度の賞として扱われた．アインシュタインは受賞の知らせを，日本に向かう「北野丸」の船上で受けている．日本滞在が 11 月 17 日から 12 月 29 日までに及んだため，アインシュタインは晴れの授賞式には出席できなかった．これもまた，なにやら世紀の大天才らしいエピソードである．

1922
N. H. D. ボーア　Bohr, Niels Henrik David
1885-1962（デンマーク）
「原子の構造とその放射の研究」

1900 年にプランクが提唱した量子仮説は元々，熱放射という現象を説明するための理論であった（「1918 年」参照）．しかも，それは製鉄の工程と深くかかわる実用的な要請に端を発していた．どちらかというと，高温作業を伴う産業現場と結びついた泥臭いテーマであったわけである．ところが，量子仮説はやがて，当時，台頭しつつあったミクロの対象（X 線，電子，原

子など）を記述する，量子論というまったく新しい理論体系を生み出す結果となる．泥臭いテーマと純粋物理学という一見，異質に思われる二つの領域が合流することになるわけであるが，そのきっかけとなったのが，1913 年にボーアが提唱した原子構造論である．

α 線の散乱実験をもとに，1911 年，ラザフォードは有核原子モデルを導き出す．原子核のまわりを電子がまわるという，おなじみのモデルである．ところが，電子が公転軌道を描くとすると，古典物理学では説明のつかないやっかいな問題が生じた．電磁気学が教えるところによれば，一般に荷電粒子が加速度運動をすると，その軌道に沿って電磁波が放射される．粒子はその分，エネルギーを失うことになる．したがって，電子は公転するにつれて軌道半径を縮め，一瞬のうちに，核に吸い込まれてしまう．つまり，原子は壊れ，物質は存在し得ないわけである．しかし，現実にはそんな事態は起きず，原子は安定に保たれている．なぜであろうか．

これについて，ボーアは原子レベルのミクロな対象の振る舞いを記述する場合，電磁気学の法則をそのまま適用することはできないと考えた．そこで，原子の安定性を保証するため，ボーアは核をまわる電子の運動について，「定常状態」という新しい概念を導入した．電子の軌道は連続的に変化する任意の大きさを取るのではなく，離散的な特定の半径しか描けないとボーアは考え，原子内の電子に許されるこの特定の軌道を定常状態と呼んだのである．このように物理量の連続性を否定し，離散的な変化という制約をつけたことは，まさしくプランクの量子仮説（「1918 年」参照）につながってくる．

ここで，熱放射の理論をヒントにしたボーアは，次の二つの仮説を設定した．(1) 定常状態にある電子の力学的平衡を保った運動は従来の力学によって論じられるが，電子が異なる定常状態へ飛び移るとき，その振る舞いを同じ力学で扱うことはできない．(2) 異なる定常状態へ飛び移る際には光の放射（あるいは吸収）を伴い，放射（吸収）される光のエネルギー E と振動数 ν の間には，プランクが与えた $E=h\nu$ の関係が成り立つ．

以上のように仮定すると（この時点ではまだ，その根拠は不明であったのだが），電子が一番エネルギーの低い定常状態にあれば，さらに光を放射し

てエネルギーを失うことはないので,核に吸い込まれる心配はなく,原子は安定に存在することになる.また,定常状態にある電子のエネルギーは離散的なので,飛び移りによって放射(あるいは吸収)される光のエネルギーもそれに対応して不連続に変化する.これは観測される原子の線スペクトルに一致している.

ボーアは1913年に発表した論文「原子および分子の構造について」の中で,上記のような原子構造論を展開したのである.ボーアの理論が語るエネルギーの離散性は早速,翌年フランクとヘルツが行った原子による電子の非弾性散乱実験(「1925年」参照)を通して実証されることになる.そして,電磁気学の常識を頭から否定する奇妙な内容の物理的意味はドゥ・ブローイが提唱する電子の波動性(「1929年」参照)によって,やがて明らかにされるのである.

ボーアのノーベル賞受賞は古典物理学から離脱し,量子論へと移行する過程の重要な一歩を刻んでいた.

1923

R. A. ミリカン　Millikan, Robert Andrews
1868-1954(アメリカ)
「電気素量と光電効果の研究」

電子はそれ以上分割できない粒子である.したがって,電子が帯びている電荷が電気素量(電気量の最小単位)となる.それは光速や重力定数と並ぶ自然界の普遍定数であり,その値の精密な測定は物理学の基礎をなすものである.1923年のノーベル物理学賞は,1909年から1916年にかけ,この電気素量を巧妙なアイデアで精密に測定したミリカンに贈られることになった.

ここでミリカンが注目したのは,X線がもつ気体の電離作用である.彼はこれを利用して,次のような手順で実験を行った.まず,油滴を噴霧器から吹き出し,これにX線を当てて帯電させる.つづいて,帯電した油滴に垂直方向の電場をかけたり切ったりして,油滴の上昇,落下速度を測定する.このとき,帯電した油滴にはたらく力は重力,空気の粘性抵抗,そして電場をかけたときのクーロン力である.そこで,速度とはたらく力の測定結果に

基づいて油滴の総数と総電荷を算出し，最終的に電気素量が決定されたのである．これは今日，「ミリカンの油滴の実験」として知られている．

　ミリカンははじめのうち，油滴ではなく水滴を用いて実験を行っていた．しかし，水滴は蒸発するのが早く，せいぜい2秒間ぐらいしか観測できないため，電荷の精確な算出が難しいという欠陥を抱えていた．つまり，実験成功の鍵はまさしく，水を油に切り替えたことにあったのである．

　ところで，シカゴ大学のミリカンのもとで当時大学院生として研究をしていた H. フレッチャーが1981年，一通の"遺書"を残して，97歳で亡くなった．彼は知人に，自分が死んだら遺書をアメリカの物理雑誌「Physics Today」に届けてほしいと依頼していたのである．遺書は「ミリカンと行った油滴の実験における私の役割」というタイトルで，同誌の1982年6月号に全文，そのまま掲載された．そこには，驚くべき内容が記されていた．フレッチャーは，油滴が最適であると提案したのは，ミリカンではなく自分であると書き残していたのである．

　それによると，フレッチャーは油滴に合った装置をすぐに組み立て，試験的に実験を行ってみた．すると，望遠鏡を通して，油滴はまるで虹色に輝く小さな星がダンスを踊るように見えたと回想している．そして，それを見せられたミリカンも望遠鏡の向こうでくり広げられる世界に，いたく興奮しているようであったと，このときの様子を書きとめている．

　二人ともに鬼籍に入ってしまったいま，真相は藪の中であろうが，フレッチャーの回想文は長く，その内容は時系列に沿って具体的かつ詳細である．「Physics Today」の編集部はいっさいのコメントをつけず，ありのまま掲載している．それだけに，油滴の実験から70年を経てはじめて公にされたフレッチャーの一文は，ノーベル物理学賞の歴史に一つの"ミステリー"を残すこととなった．

1924 K. M. G. シーグバーン　Siegbahn, Karl Manne Georg
1886-1978（スウェーデン）
「X線分光学の研究」

　1869年，メンデレーエフは当時知られていた63種類の元素を原子量の順に並べると，化学的によく似た性質が周期的に現れることを明らかにした（この時点では，未発見の元素の席はまだ空欄であった）．しかし，元素を並べた順番には一部，不規則な例外が見られた．たとえば，ニッケルの原子量はコバルトのそれよりも少し小さいにもかかわらず，原子番号（周期表に並べた順番）はニッケル（^{28}Ni）のほうがコバルト（^{27}Co）よりも一つ大きかった．原子量の大きさどおりにニッケル（58.69）とコバルト（58.93）を並べると，そこだけ，化学的性質の周期性が崩れてしまうのである．こうした逆転現象はほかにも，アルゴン（^{18}Ar）とカリウム（^{19}K），テルル（^{52}Te）とヨウ素（^{53}I）の間でも知られていた（この原因は同位体の存在であることが後に示される）．つまり，原子番号と原子量は完全には対応していなかったのである．

　そこで，原子番号の物理的意味は何かが問題になっていたわけであるが，それを突き止めたのはモーズリーである．1912年から1913年にかけ，モーズリーは特性X線と元素の関係（「1917年」参照）に注目し，アルミニウムから金まで39種類の金属元素から放射される特性X線の波長を測定してみた．その結果，特性X線の振動数の平方根が原子番号とともに直線的に増加することが明らかにされた（この規則性をモーズリーの法則という）．

　モーズリーの法則は原子量の場合のような例外を示すことはなく，特性X線の振動数は原子番号の順に規則的に高くなっていった．ラザフォードによるα線の散乱実験やバークラが行ったX線の散乱実験のデータ（「1917年」参照）から，モーズリーは原子番号とは原子核の電荷数にほかならないと考えるようになった．こうして，それまでは先ほど述べた一部の例外を含みながらも，たんに元素を原子量の順に並べた番号と思われていた原子番号の意味が，元素の固有性と結びつく特性X線の測定を通し，はじめて明らかにされたのである．さらに，モーズリーの法則はボーアの原子構造論（「1922

年」参照) を支持する有力な実験証拠ともなった．

　この業績が評価されたモーズリーは1915年，ノーベル物理学賞と化学賞の両方にノミネートされている．しかし，受賞はかなわなかった．この年の8月10日，イギリス軍将校として第1次世界大戦に出征したモーズリーは戦死したのである．27歳の若さであった．

　モーズリーのいわば"衣鉢"を継いだ形となったのが，1924年のノーベル物理学賞を受けることになったシーグバーンである (授賞の決定は1925年11月12日)．シーグバーンはモーズリーが行った実験よりも1000倍高い精密さで特性X線の測定を可能とし，X線分光学を発展させたのである．

　シーグバーンへの授賞挨拶を行ったグルストランド (ノーベル物理学賞選考委員会委員長) は「モーズリーはノーベル賞が贈られることなく戦死した．しかし，彼の業績がバークラとシーグバーンのノーベル賞につながった」と述べている．これは異例の発言であり，夭逝した物理学者への哀悼の思いが込められた言葉である．シーグバーンのノーベル賞受賞の背景には戦死した若者の姿があったのである．

1925

J. フランク　Franck, James
1882-1964 (ドイツ)

G. L. ヘルツ　Hertz, Gustav Ludwig
1887-1975 (ドイツ)

「原子に対する電子衝突の法則の発見」

　1913年，定常状態という古典物理学にはない概念を導入し，原子核をまわる電子のエネルギー準位 (軌道) は離散的に変化するとしたボーアの原子構造論 (「1922年」参照) は，当時知られていた水素の線スペクトルに物理的解釈を与えるものとなった．

　一般に，原子から放射される光をプリズムで分けると特定の色 (振動数) が離散的に現れる線スペクトルを形成する．なかでも，一番簡単なパターンを示す水素のスペクトルは詳しく調べられており，その振動数は整数——そこには離散性が込められている——を用いた簡潔な数式で表される規則性が

あることが，1885年，バルマーによって明らかにされていた．定常状態に基づく電子のエネルギー準位を前提にしてボーアが計算した水素のスペクトルの振動数は，このバルマーの公式と一致したのである．

ところで，ここまでは先行する分光学の測定がボーアの理論に従って，どのように解釈されたかという話になるが，1914年から1919年にかけ，フランクとヘルツはボーアの原子構造論を目に見える形で証明する巧妙な実験を行ったのである．フランクとヘルツは，電圧をかけて加速した電子が水銀原子に衝突したとき，運動エネルギーがどれくらい失われるかを測定してみた．その結果，加速電子のエネルギー損失の値が水銀の線スペクトルに現れる光のエネルギーと一致したのである．つまり，加速電子は衝突によって，水銀が低い定常状態から高い定常状態に励起されるのに必要なエネルギーに相当する分の運動エネルギーを失うのである．

換言すれば，定常状態間のエネルギー差に対応する運動エネルギーを得るよう電圧をかけて電子を加速すると，水銀に衝突した後，電流の強さが不連続に減少するのである．これはボーアの理論にあるエネルギーの離散性を，電子の加速電圧に対する電流の変化を通して明示していた．

なお，ヘルツは1888年に電磁波を検出しながらも，1894年に36歳の若さで亡くなったハインリッヒ・ヘルツの甥にあたる．ハインリッヒ・ヘルツが20世紀はじめまで存命であったとすれば，ノーベル賞を受けたであろうことはまず間違いない．ヘルツのノーベル賞は夭逝した偉大なおじの無念さを晴らすものともなったのである．なお，フランクとヘルツへの授賞が決定されたのは，1926年11月11日である．

1926

J. B. ペラン　　Perrin, Jean Baptiste
1870-1942（フランス）

「物質の不連続構造の研究，とくに沈殿平衡の発見」

ペランの受賞理由には「不連続構造」という言葉が見られる．この時代，物理学で不連続といえばまず，量子が思い浮かぶが，ペランの研究はそれではない．物質は原子，分子という単位から構成されているという意味での不

連続性を扱ったものである．ここで話はいったん 19 世紀前半まで遡る．

　1827 年，植物学者のブラウンは顕微鏡を通して水に浮かべた花粉を観察していたとき，細胞に含まれる粒子が水面で小刻みな振動をしながら，不規則に動きまわることに気がついた．「ブラウン運動」の発見である．当初，ブラウンは生殖細胞の粒子そのものが生きており，自発的に水面上をジグザグに動いているのであろうと考えた．ところが，死んだ細胞や物質を砕いた粒子でも，ブラウン運動は観察された．生命に起因する現象ではなく，物理現象であったのである．こうして，この問題は生物学者から物理学者の手に移ることになる．

　1905 年，ブラウン運動を熱力学からのずれを示す「ゆらぎ現象」としてとらえたのが，アインシュタインである．水に浮かぶ粒子が水分子に比べて十分大きい場合，粒子に衝突する水分子の数はあらゆる方向に関し均一となる．その結果，粒子にはたらく圧力は相殺されるため，粒子が動き出すことはない．ところが，粒子がきわめて小さくなると，衝突してくる水分子の数が瞬間的に特定の方向に偏る（ゆらぎが生じる）ことが起こり得る．そうなると，圧力のバランスが崩れ，粒子はその方向に押されて動き出す．こうした状態が継続すると，粒子は不規則なジグザグ運動を示すわけである．

　そこで，アインシュタインは水分子が粒子にランダムに衝突することによって，粒子が平均としてどれくらいの変位（位置の移動）を起こすかを計算した．そして，変位は水（一般には溶液）の温度，粘性係数，粒子の直径，観測時間の関数となることを示した．これらの量はいずれも，測定ないし算出可能なものである．上記の変数のほかに，平均の変位を与える理論式には，気体定数とアヴォガドロ数という二つの物理定数が含まれていた．気体定数（ボイル-シャルルの法則に現れる比例係数）の値も，実験で求めることができる．

　したがって，粒子の平均変位を測定し，そのデータをアインシュタインの理論式に照らし合わせれば，アヴォガドロ定数が決定されることになる．アヴォガドロ定数はある一定の条件を考えたとき，物質に含まれる原子または分子の個数であるから，この値の決定は取りも直さず，物質の不連続構造を具体的に示すことになる．1908 年から 1913 年にかけ，この実験を行ったの

がペランである．

　一般に粒子を水に混ぜたとき，粒子の質量が一定以上の重さであると，粒子は沈み，容器の底に沈殿してしまう．一方，粒子の質量がほどほどの重さであれば，沈みつつも水分子の衝突を受け，つまりブラウン運動の効果がはたらくため，粒子は沈降と上昇をくり返し，水平方向にも動きまわる．このように，適当な均一の重さの粒子を選ぶと，重力とブラウン運動のバランスの結果，粒子は溶液の上層では薄く，下層に行くほど濃い，連続的に変化する密度分布を示す．1個1個の粒子はその状態でじっとしているわけではなく，つねに動きまわっているのだが，全体として見れば，粒子の密度分布は安定した平衡状態に落ち着く．これを沈殿平衡と呼ぶ．

　ペランはこうした状態に達した粒子の分布を顕微鏡で観察し，そのデータをアインシュタインの理論式に当てはめ，アヴォガドロ定数を求めたのである．その値は，約 6.4×10^{23} で，現在知られているものよりも若干大きめではあったが，沈殿平衡をつくり出し，物質の不連続性の証明を成功させたのである．

1927

A. H. コンプトン　Compton, Arthur Holly
1892-1962（アメリカ）
「コンプトン効果の発見」

C. T. R. ウィルソン　Wilson, Charles Thomson Rees
1869-1959（イギリス）
「ウィルソン霧箱の発明」

　この年は，自分の名前が冠せられることになった業績を収めた二人の物理学者にノーベル賞が贈られている．

　まずはコンプトン効果について述べる．1920年ころ，X線を炭素など原子量の小さい物質に当てると，散乱されたX線は入射X線に比べて透過能が低くなり，その分，波長が長くなることが知られていた．1922年，この現象について精密な分光学的測定を行ったコンプトンは，波長の変化はX線の散乱角（入射X線と散乱X線がなす角）に依存し，X線を散乱する物

質の種類にはよらないことを明らかにした．この点に注目したコンプトンは，波長変化を入射X線と物質内の自由電子との衝突としてとらえてみた．

振動数 v の電磁波はエネルギー hv，運動量 hv/c をもつ粒子（光子）と見なせる（h はプランク定数，c は光速）．そこで，コンプトンはX線をこうしたエネルギーと運動量を与えられた粒子として扱い，電子との弾性衝突を計算してみた．つまり，衝突前後で光子（X線）と電子のエネルギーと運動量が保存されると仮定し，X線の波長変化を求めてみたのである．その結果，波長変化は散乱角だけに依存した簡単な式で表されることが示された．また，コンプトンが導出した式は実験結果とも一致したのである．このように，コンプトン効果（散乱X線の波長変化）はX線においても，光の粒子性が現れる有力な証拠となったのである．

次にウィルソン霧箱について述べよう．霧箱とは1911年，ウィルソンが発明した荷電粒子の検出器である．大気の温度が急激に下がると，空気中に溶け込んでいられなくなった水蒸気が埃（ほこり）などの粒子を核にして凝集する．これが霧の発生である．この気象現象にヒントを得たウィルソンは，人工的に霧を発生させる実験に成功した．過飽和状態にした水蒸気を詰めた容器にX線を当て空気を電離すると，生じたイオンが核になって霧が見られたのである．

X線と同様の作用は荷電粒子でも起こる．そして，この場合，荷電粒子が通過する道筋に沿って空気がイオン化され，霧が見られることになる．つまり，粒子の飛跡が観測できるわけである．この原理に基づいた装置をウィルソン霧箱と呼ぶ．飛跡の解析から粒子の電荷や質量を決定することが可能になったため，ウィルソンの発明は原子核実験や宇宙線観測などの有力な手段となったのである．コンプトン効果に見られるX線による電子の反跳も，ウィルソン霧箱で確認されている．

1928 O. W. リチャードソン　Richardson, Owen Willans
1879-1959（イギリス）
「熱電子現象の研究」

　金属を高温に熱すると，表面から電子が放出される．これを熱電子と呼ぶ．この現象を理論，実験の両面から研究したリチャードソンがこの年，ノーベル物理学賞を受けている（実際の受賞は1929年）．

　リチャードソンは1901年，白金の単位表面積から放出される電子の数（電流）が温度とともに急激に上昇することを発見，両者の関係を定量的に与える式（リチャードソンの法則）を導き出した．1903年にはナトリウムと炭素についても同様の法則が成り立つことを確認している．

　金属の中には，原子に束縛されず自由に動きまわっている電子がある．ただし，この自由電子は金属表面付近において，金属を構成している正イオンの電気的引力により内側に引きもどされ，外部へ飛び出すことはできない．つまり，電子にとって，金属表面には越えることのできないポテンシャル障壁が存在する．これを仕事関数といい，その値は金属固有のものとなる．ところが，熱を加えると電子のエネルギーが高くなり，ポテンシャル障壁を乗り越えて外部へ放出されるのである．リチャードソンの法則には，この仕事関数も組み込まれている．

　ところで，蒸発が起きると水の温度が下がるように，熱電子が放出されれば物体の温度が下がることが予想される．1913年，リチャードソンはこうした冷却効果を測定し，これによって求めた仕事関数がリチャードソンの法則に組み込まれたそれと一致することを示している．

　リチャードソンの研究は真空管などの熱電子管（陰極を熱して電子を放出させる電子管）の改良に大きく貢献したのである．

1929
L. V. P. R. ドゥ・ブローイ　de Broglie, Louis Victor Pierre Raymond
1892-1987（フランス）
「電子の波動性の発見」

　アインシュタインは 1905 年，光量子仮説を提唱し（「1921 年」参照），波と見なされていた光（電磁波）には粒子としての性質も同時に備わっていると考えた．そして実際，光の粒子性は光電効果やコンプトン効果（「1927 年」参照）を通して確認されたのである．古典物理学では決して起こり得ないこうした二重性について，W. H. ブラッグ（「1915 年」参照）は「物理学者は波動論を月，水，金曜日に使い，粒子論を火，木，土曜日に使う」と，その奇妙さを表現したという．この奇妙さに，さらなる拍車をかけたのがドゥ・ブローイである．

　ドゥ・ブローイはアインシュタインとちょうど逆の道筋をたどり，電子のような粒子にも波動性が備わっているのではないかと仮定した．これを物質波（ドゥ・ブローイ波）という．光に見られる「波→粒子」の矢印を反転させ，そこに双方向性（対称性）を見たのである．

　相対性理論によれば，エネルギー E と質量 m は光速 c を介して，$E=mc^2$ で結びつけられる．また，エネルギーと振動数 ν の間にはプランク（「1918 年」参照）が与えた $E=h\nu$ の関係が成り立つ（h はプランク定数）．そこで，質量 m の粒子が静止している状態を考えると，粒子には $mc^2=h\nu$ で関係づけられる振動数 ν をもつ波が付随していると見なせる．次に，粒子が運動している場合を考えると，振動数に相対性理論の効果を考慮した補正を施す必要が出てくる．相対性理論ではたがいに一様な運動をする系の間の座標変換（ローレンツ変換）は，ニュートン力学（ガリレイ変換）とは異なるので，振動数にもそれを適用しなければならないからである．

　その結果，粒子の運動量 p と量子が伴う波の波長 λ の間には，$p=h/\lambda$ の関係が成り立つことを，ドゥ・ブローイは導き出した．プランク定数を媒介にして，運動量という粒子の属性と波長という波の属性が結びつけられることが示されたのである．

　この点についてドゥ・ブローイはノーベル賞受賞講演で，こう語ってい

る.「電子はもはやたんに荷電粒子と見なすのではなく,波とも結びつけなければならない.これは神話ではない.波の波長を測定し,電子波が起こす干渉が予見されるからである」.ドゥ・ブローイが予見した干渉は1927年,デヴィソンおよびG. P. トムソンがそれぞれ独立に行った結晶による電子回折によって実証されることになる(「1937年」参照).

さらに,ドゥ・ブローイが提示した物質波の概念は,ボーアの原子構造論に現れた定常状態(「1922年」参照)という奇妙さに物理的解釈を与えることにもなった.原子の内部では電子が特定の大きさの軌道(不連続なエネルギー準位)しか取れない理由も電子の波動性にあったのである.ここで,原子に束縛されている電子は,原子核のまわりに定常波を形成すると考えてみる.定常波であれば,波長は連続的に任意の長さを選ぶことはできず,特定の不連続な値となる.そして,それはエネルギー損失を伴わず,安定して存在するわけである.

こうして見てくると,ドゥ・ブローイの理論はまるでミステリー小説のみごとな謎解きを読んでいるような,わくわく感を覚える.量子論が記述するミクロの世界は,それほどにワンダーランドであったのである.

1930
C. V. ラマン　　Raman, Chandrasekhara Venkata
1888-1970 (インド)
「光の散乱の研究とラマン効果の発見」

この年,アジア人初となるノーベル物理学賞受賞者が誕生した.インドのラマンである.ラマンは受賞講演を,次のような個人的なエピソードからはじめている.

1921年の夏,地中海を航海した際,ラマンは海の美しい青い輝きに感動した.このとき,ラマンはこの光景が水の分子による太陽光の散乱ではないかと考えた.そこで,9月にカルカッタにもどるとさっそく,液体中の光の散乱を調べる実験に取りかかったというのである.そして,翌1922年,早くも,二つの重要な成果が発表された.まず,液体だけでなく気体や固体においても,光の分子散乱は一般的に見られること.また,この現象は物質中

の分子の配列が熱運動によって規則的な位置からずれるために生じる散乱光密度の局所的なゆらぎに起因するということである．

　こうして，地中海の青い色に魅せられてはじめた光学研究が，やがてラマン効果の発見へとつながっていく．

　1928 年，ラマンはさまざまな物質に単色光（波長が一定の可視光）を当ててみたところ，散乱光の中に入射光と波長の異なる成分が混ざっていることを見つけた．これは光が波ではなく粒子（光子）として振る舞い，分子と衝突して，エネルギーの授受が行われるからである．

　分子というのはバネのように振動したり，コマのように回転している．そこで，分子が衝突してきた光子からエネルギーをもらうと，振動や回転が活発になる．一方，光子はその分エネルギーを失うので，散乱光の波長は長くなる．逆に，分子が光子にエネルギーを与え，振動や回転がおだやかになると，散乱光の波長は短くなる．ただし，分子のこうしたエネルギーは量子化されているので，光子との間に受け渡しがされるエネルギーもそれに対応し，特定の値に限られる．散乱光のスペクトルを測定すると，こうした特徴がはっきりと見て取れる．これがラマン効果である．

　X 線が粒子となって，物質内の電子と衝突し，散乱 X 線の波長が変化するのがコンプトン効果（「1927 年」参照）であった．これに対し，ラマン効果は可視光と分子の組み合わせになるが，それは可視光のエネルギー帯が分子の振動，回転エネルギーの領域に匹敵するからにほかならない．そこから，ラマン効果は分子の構造を解析する有力な手段となり，物理と化学の広い分野で応用されている．

1931

受賞者なし

1932
W. K. ハイゼンベルク　Heisenberg, Werner Karl
1901-1976（ドイツ）
「不確定性原理と量子力学の確立」

　ミクロの対象を記述する量子論の特徴をあえて一言で集約すれば，光や電子に見られるような「粒子と波の二重性」であろう．これは古典物理学には決して現れない描像である．そして，この二重性は1927年にハイゼンベルクが展開した思考実験により，因果律の放棄を要求する「不確定性原理」を導き出した．

　いま，顕微鏡を使って，電子の位置を測定することを考える．そのためには，電子に光を当て，反射された光をレンズで集め，像を結ばせる必要がある．ただし，可視光は電子に比べ，その波長があまりにも長すぎるため，役に立たない（一般に，顕微鏡を用いる場合，対象物のサイズに見合った波長の光が必要となる）．電子は小さいため，X線でもまだ波長が長い．そこで，さらに波長が短いγ線を用いることになる（実際にγ線顕微鏡がつくられたわけではなく，これはあくまでも思考実験である）．

　ところが，こうすると，波長のほうは観測条件を満たしても，別の問題が生じてしまう．光の粒子性に注目すると，波長が短くなるほど光子のエネルギーは増大するからである．その結果，電子にγ線を当てると，電子は運動量を得て，どこかへ飛んでいってしまう．もとの位置にいなくなっては，観測ができない．そこで，電子が蹴飛ばされないようにするには，当てる光子の勢い（エネルギー）を抑え，電子が受け取る運動量をほどほどのところで調節しなければならない．しかし，そうすると今度は，光の波長が長くなり，電子の位置があいまいになるというジレンマが生じる．

　まさに，あちらを立てればこちらが立たずで，二つの条件（波動性と粒子性）を同時に完全に満足させることは，原理的に不可能ということになる．

　ハイゼンベルクは位置xと運動量pの間に見られる，こうした不可避な関係を「$\Delta x \cdot \Delta p \simeq h$」という式で表現した．$\Delta$はそれぞれの量のあいまいさ（誤差）を示している．つまり，位置のあいまいさと運動量のあいまいさの積はプランク定数よりも小さくはなれないのである．したがって，電子の位

置を正確に知ろうとすればするほど（$\Delta x \to 0$），その反動として，運動量の不確定さは増大してしまう（$\Delta p \to \infty$）．この逆もまたしかりということになる．

同様の関係は，観測対象のエネルギーのあいまいさ ΔE と観測時間の幅 Δt の間でも，「$\Delta E \cdot \Delta t \simeq h$」として成り立つことが，ハイゼンベルクによって導き出されている．

このように，量子論が適用される世界では，原因と結果が一対一に対応する決定論はもはや破綻してしまう．代わって，物理学は不確定さを伴う法則（換言すれば，ある事象を確率で表す法則）に従うという，まったく新しい自然観が登場したのである．

ところで，2012年，ハイゼンベルクの不確定性原理に関して，興味深い報告がなされた．2003年，名古屋大学の小澤正直は粒子がもともと持っていた量子ゆらぎを考慮して，ハイゼンベルクの理論を補正した新しい式を発表していた．それがウィーン工科大学の長谷川祐司による実験で証明されたというのである．不確定性原理の概念そのものがゆらいだわけではないが，理論に潜んでいたあいまいさに修正が施されたわけである．それだけ量子論の基礎は奥が深いといえる．

なお，ハイゼンベルクへの授賞は1933年に行われている．

1933

E. シュレディンガー Schrödinger, Erwin
1887-1961（オーストリア）

P. A. M. ディラック Dirac, Paul Adrien Maurice
1902-1984（イギリス）

「新しい形式の原子論の発見」

ドゥ・ブローイが提唱した物質波の概念（「1929年」参照）を発展させ，1926年，光の伝播を記述するのと同様に，粒子の波動性を表す式を導出したのがシュレディンガーである．ただし，シュレディンガー方程式は波動方程式（時間と位置を変数にして波の運動を記述する式）でありながら，古典物理学のそれとは本質的に異なり，式の中に粒子の質量が組み込まれてい

た．そこに，量子論特有の「粒子と波の二重性」が現れていた．

シュレディンガーはこの式を，一番簡単な原子構造をしている水素に適用している．その結果，電子のエネルギーはボーアが提唱した定常状態（「1922年」参照）に対応する離散的な値を取ることが示された．また，シュレディンガーの計算は水素から放射される光の線スペクトルの測定値とも一致したのである．

こうして，シュレディンガー方程式は力学でいえばニュートンの運動方程式，電磁気学でいえばマクスウェル方程式に匹敵する，量子論の基本方程式として位置づけられたのである．

ところで，原子内の電子の速度というのは光速に近いくらい速い．そうなると当然，シュレディンガー方程式に特殊相対性理論の効果を取り入れなければならない．シュレディンガー自身もこの点は認識していたが，1928年，この問題を解決し，相対論的波動方程式を発表したのがディラックである．

ディラック方程式はまず，電子の「スピン」という物理量を導き出した．原子が出す光のスペクトル分析から，電子には自転の右まわりと左まわりに対応するスピンと呼ばれる2種類の磁気的な量が存在することが知られていた．ただし，それは実験結果を解釈するために便宜的に組み込まれていたもので，理論的裏づけはなされていなかった．ディラック方程式は計算結果として自動的に，スピンを導き出したのである．

さらにディラックは1930年，相対論的波動方程式をもとに，空孔理論という，何ともアクロバティックな仮説を提唱する．それによると，真空とは虚無ではなく，負エネルギーが充満した空間というのである．そして，この負エネルギー電子にγ線が当たるとコンプトン効果（「1927年」参照）のようにエネルギーの受け渡しが行われ，負エネルギー状態に埋まっていた電子が正エネルギー状態，つまりふつうの電子として観測される．一方，真空には電子が抜け出た「空孔」が生じることになる．その分，負電荷が一つ失われるので，そこに正電荷の粒子（陽電子）が生まれる．というわけで，真空中を走るγ線が消滅すると，電子と陽電子の対（ペア）が生成される．陽電子は電荷の符号が反対である以外，すべての性質が電子と同じになるが，ディラックが予言した陽電子は1932年，アンダーソンによって発見されるのである

(「1936年」参照).

　ディラックの空孔理論は電子だけでなく，あらゆる粒子に対応する"反粒子"が存在する可能性についても言及している．そうだとすると，反粒子からなる反物質が考えられ，宇宙の半分は反物質で占められた世界であるというSFのような話を，ディラックはノーベル賞受賞講演の中で語っている．

　こうした宇宙の存在自体は今日，否定されているものの，自然界の対称性という基本的な問題を探るうえで，反粒子の研究は21世紀の物理学の重要な課題として位置づけられている．

1934　受賞者なし

1935　J. チャドウィック　Chadwick, James
1891-1974（イギリス）
「中性子の発見」

　1930年，ボーテとベッカーはベリリウムに α 線（ヘリウムの原子核）を照射すると，きわめて透過性の高い放射線が発生することを発見した．彼らはこの放射線に「ベリリウム線」という名前をつけ，その正体は γ 線であろうと考えた．

　ボーテとベッカーの実験に関心を抱いたのが，フレデリックとイレーヌのジョリオ=キュリー夫妻である（妻のイレーヌの両親は1903年にノーベル物理学賞を受けたキュリー夫妻）．ジョリオ=キュリー夫妻はベリリウム線をパラフィンなど水素を含む物質に当てたところ，勢いよく陽子が飛び出してくる反応を観測した．夫妻もまた，ベリリウム線は γ 線であろうと解釈した．水素の原子核である陽子に光子としての γ 線が衝突した結果と見なしたのである．

　ここで，ジョリオ=キュリー夫妻の解釈に疑問を感じたのが，チャドウィックである．電磁波と粒子の衝突といえばコンプトン効果（「1927年」参照）が思い浮かぶが，この場合，電子は軽いのでX線によってはじき飛

ばされても不思議はない．しかし，γ線はX線よりもエネルギーが高く，運動量もたしかに大きいが，そうはいっても，質量が電子の2000倍近くもある重い陽子を，はたして電磁波であるγ線が水素原子の中から叩き出せるものであろうかと，チャドウィックは考えた．

ところが，ベリリウム線をγ線ではなく，陽子と同程度の質量をもった粒子と仮定すると，この衝突現象は説明がつく．もう一つ見落としてはならないのは，ベリリウム線の高い透過性である．もしもこれが電気的に中性の粒子であれば，原子核から電気的な力を受けないので，物質内をすいすい通り抜けても不思議はない．

そこで，チャドウィックは1932年，ベリリウム線をさまざまな物質に照射し，そこから放出される陽子およびそれ以外の原子核の反跳を測定してみた．その結果，この現象は陽子とほぼ等しい質量をもつ電気的に中性の粒子によって引き起こされることが明らかにされた．ここに，陽子と並んで原子核を構成するもう一つの要素である中性子が発見されたのである．

このように1930年代は核物理学が急速に発展する時期となったが，その鍵を握るのは中性子であった．人口放射性元素の生成やウランの核分裂の連鎖反応の誘発において，中性子が重要な役割を果たすことが，間もなく明らかになるのである．

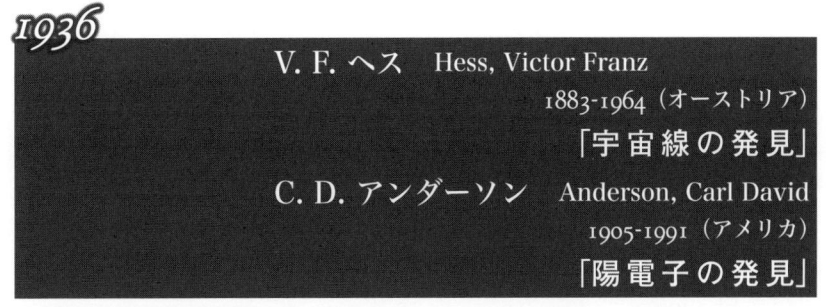

1936

V. F. ヘス　Hess, Victor Franz
1883-1964（オーストリア）
「宇宙線の発見」

C. D. アンダーソン　Anderson, Carl David
1905-1991（アメリカ）
「陽電子の発見」

ヘスの受賞理由となった宇宙線とは，宇宙から地球に飛来する高エネルギーの放射線（粒子や電磁波）である．この存在が知られるようになったきっかけは，20世紀はじめに検出された空気の電離現象である．当時，空気中の原子，分子が自然にイオン化されることが見出されていた．それは鉛

で遮蔽した容器内でも起こるほど顕著であった．

しかし，当然の話ながら，何の作用も受けずに空気が電離されるはずはない．そこで，その源は不明ながら，高エネルギーの放射線が大気に降り注いでいるのではないかと考えられた．不明の放射線源をヘスは宇宙に求めたのである．ヘスの仮定が正しければ，上空に行くほど，電離の強さは高まることになる．これを検証すべく，ヘスは1911年から1912年にかけ，測定器を積んだ気球に乗り込み5000メートルを超える高度まで上昇して，空気の電離を調べたのである．相当の"冒険野郎"といえる．

そしてヘスの予想どおり，高度1000メートルを超えるあたりから電離作用は目に見えて強まりはじめ，5000メートルでは地表の数倍に達していた．その後，別の研究者がさらに上空まで調べたところ，9000メートル付近では電離を引き起こす放射線の強度は地上の約40倍にも達していた．こうして，宇宙線の存在が突き止められた．

ガリレオが夜空に望遠鏡を向けて以来長い間，宇宙から地球に届くのは可視光だけだと考えられていた（というか，それ以外の存在は知られていなかった）．ところが，可視光のほかにも電波からX線，γ線まで広い波長帯の電磁波や，最近注目されているニュートリノをはじめとするさまざまな粒子が宇宙の多くの情報を地球に届けているのである．ヘスの研究はこうした認識を深め，宇宙を眺める視野を広げる大きなきっかけをつくったといえる．

次に，アンダーソンによる陽電子の発見もまた宇宙線に関係する研究から生まれた．1930年代に入ると，宇宙線の観測は荷電粒子の検出装置である霧箱（「1927年」参照）を使って行われるようになっていた．

宇宙線の中でもとりわけエネルギーの高い粒子の研究を行っていたアンダーソンは，霧箱に強い磁場をかけていた．高エネルギー粒子の飛跡を曲げて，質量や電荷に関する情報を得るには，強磁場が必要になるからである．このような装置を使って観測を続けていたアンダーソンは1932年，彼の名を不朽のものとすることになる霧箱写真を偶然撮影した．写真乾板には，鉛板を突き抜け，大きくカーブする粒子の飛跡が1本記録されていた．

カーブする方向から，それは正電荷の粒子であることは明らかであった．はじめ，その粒子を陽子だと思ったとアンダーソンはノーベル賞受賞講演の

中で語っている．しかし，そうだとすると曲率が大きすぎた．カーブする方向を反転すれば，その曲率は電子の質量によるものと一致していた．つまり，正の電子ということになる．ここに，ディラックが予言した陽電子（「1933年」参照）がとらえられたのである．それはアンダーソンが受賞講演でいみじくも表現したように，当時としては革命的な出来事であった．

1937

C. J. デヴィソン　Davisson, Clinton Joseph
1881-1958（アメリカ）

G. P. トムソン　Thomson, George Paget
1892-1975（イギリス）

「結晶による電子回折の発見」

ドゥ・ブローイが提唱した電子の波動性（「1929年」参照）を，1927年，独創的な実験で独立に証明したデヴィソンとG. P. トムソンが，この年のノーベル物理学賞を受けている．

ドゥ・ブローイの理論に従うと，物質波の波長は粒子の運動量に反比例して短くなる．電子を例にとると，約数十から数百ボルトの電位差で加速した場合，波長は10^{-8}センチメートル程度となり，X線の波長域に入る．したがって，ラウエ（「1914年」参照）やブラッグ父子（「1915年」参照）がX線について行ったように，結晶を用いて電子の回折を起こし，その波動性を実証することが期待できる．結晶を構成する原子間の距離が，いま述べた条件下における電子の波長にほぼ等しくなるからである．

そこで，デヴィソンはニッケルの結晶に電子線を照射し，反射される電子の角度分布を検流計を用いて測定してみた．すると，反射される電子の強度が特定方向において大きくなることが認められた．この現象はX線のブラッグ反射（結晶内に想定した網平面で順次生じるX線の反射）と類似のもので，その方向に進む電子の波が干渉を起こす結果である．また，電子の運動量は加速電圧によって決定されるので，その値から電子の波長が計算できる．この波長と反射電子線の角度および結晶の原子配列から求まる波長が高い精度で一致したことからも，電子に波動性が伴われることが明らかに

なったのである．

　一方，G. P. トムソンは加速した電子線を金，白金，アルミニウムなどの薄膜に照射し，透過した電子線を写真乾板上で観測してみた．薄膜は単結晶がいろいろな方位を向いて集合した多結晶構造をしている．X 線をこうした物質に当てると，後方のスクリーン上にブラッグ反射を起こした X 線によって形成される環状の回折像が得られることが，すでにデバイとシェラーの実験から知られていた（この像をデバイ-シェラー環(リング)という）．G. P. トムソンは X 線の場合と同様，電子線を用いてもデバイ-シェラー環に対応する回折像が現れることを示し，直接，視覚に訴える形で電子の波動性を検証したのである．また，環の直径から回折像を描く波の波長が求まるが，その値は加速電圧によって決まる電子の波長と一致したのである．

　こうして電子の波動性は確立され，電子線は X 線を補い合って，結晶構造解析の有力な手段として使われるようになっていく．さらに，一定の条件下では電子の波長が可視光のそれよりも短くなるという特性を利用して，光学顕微鏡よりも微小な対象の観察を可能にする電子顕微鏡の開発が 1930 年代に入ると開始されるのである（「1986 年」参照）．

　なお，この年の受賞者の一人である G. P. トムソンは，電子を発見した J. J. トムソン（「1906 年参照」）の息子である．G. P. トムソンは，ノーベル賞受賞講演の中で，父親の業績についてこう触れている．「19 世紀末，電子は物理学において重要な役割を担うこととなった．それは質量と電荷をもっており，物質の基本要素であった．こうした研究を発展させた一人である J. J. トムソンの存在を，私は誇りに思っている．」

　父は粒子としての電子を発見し，息子は波としての電子を発見したわけである．

1938

E. フェルミ　　Fermi, Enrico
1901-1954（イタリア）
「新しい放射性元素の発見と核反応の研究」

　放射能はベクレルによって，ウランから発見された．これがきっかけとな

り，キュリー夫妻が放射性元素のポロニウム，ラジウムを発見している（「1903年」参照）．断るまでもなく，これらの元素はいずれも天然に存在するものである．ただ，人間が放射線が出ていることに気がつかなかっただけである．ところが，1934年，フレデリックとイレーヌのジョリオ゠キュリー夫妻が人工的に放射性元素をつくり出す実験に成功する．

夫妻は，天然の放射性元素ポロニウムから放出されるα線をアルミニウム箔に照射すると，陽電子が発生することに気がついた．しかも，α線の照射をやめても，陽電子放射はすぐには止まらず，しばらく続いたのである．アルミニウム箔は放射能を帯び，放射の強さは3分15秒の半減期で指数関数的な減少を示していた．ほかにもホウ素とケイ素について，同様の現象が観測された．そこで夫妻はα線に被曝したアルミニウム箔に化学的処理を施し，放射性物質を分離してみると，リンの放射性同位体が検出されたのである．

つまり，α粒子とアルミニウムの核反応によって，自然界には存在しないリンの放射性同位体が生成され，そのリンが陽電子を放出しながら，3分15秒の半減期でさらにケイ素の同位体へ崩壊していったというわけである．同様にホウ素とケイ素に対するα線照射でも，それぞれ放射性元素の生成が起きていた．夫妻の研究は1934年，「Nature」に「新種の放射性元素の人工的な生成」と題して発表されたが，論文のタイトルが物語るように，人間はついに自分の手で放射能を帯びた物質をつくり出してしまったのである（ジョリオ゠キュリー夫妻はこの業績で1935年，ノーベル化学賞を受賞している）．

ところで，夫妻の実験では，放射性元素が生成される核反応が生じる割合はかなり低く，α粒子を100万から1000万個照射してわずか1回程度であった．α粒子は正電荷をもつため，標的の原子核に反発され，そのぶん核反応が起こりにくいのである．夫妻が用いた標的は軽元素であったが，これが重元素になると，その割合はさらに低下する．

そこで，フェルミが注目したのが中性子である．中性子は電荷をもたないので反発を受けることなく，標的の原子核に衝突できる．これならば相手が重元素であっても，核反応が起きることが予測される．

フェルミは中性子源として，ベリリウムの粉末とラドンの混合物を用いた．ラドンから放出されたα粒子がベリリウムに衝突し，中性子が叩き出されるのである．ジョリオ＝キュリー夫妻の論文からわずか2か月後，フェルミはこの中性子線源を使って63種類もの元素について実験を行い，じつに40種類の人工放射性元素をつくり出したのである．中性子を利用する目論見は，みごとに的中した．

　このとき，標的が軽元素の場合は，標的の原子核が中性子を吸収し，陽子またはα粒子を放出する核反応が主として進行して，元素の変換が起きる．一方，標的が重元素の場合は，原子核は粒子を放出することなく中性子を吸収してしまうので，標的にした元素の放射性同位体がつくられることが示された．

　さらにその半年後の1934年10月，フェルミはパラフィンや水を通過させて速度を落とした中性子を標的に照射すると，意外なことに，核反応が起こりやすくなり，標的の放射化が強まることを発見する．この効果は，中性子が水素を含む物質を通過するときに顕著であり，水素を含まない物質を用いたときは，目立った変化は見られなかった．水素の原子核は陽子が1個だけである．中性子は物質を通過する際，この陽子との衝突をくり返すたびにエネルギーを失って減速する．こうして遅くなった中性子のほうが中性子源から放出されたばかりの速い中性子よりも，核反応を起こしやすいことをフェルミは発見したのである．この現象はやがて開始される核エネルギー開発において，重要な役割を果たすことになる．

　なお，フェルミは1938年12月，ノーベル賞の授賞式に出席した後，イタリアへはもどらず，ストックホルムからそのまま家族とともに大西洋を渡りアメリカへ亡命している．妻がユダヤ人であったため，迫害の危険を予感していたからである．ノーベル賞の授賞式は国外へ脱出する絶好のチャンスとなった．

　亡命したフェルミは第2次世界大戦の最中，アメリカの国家プロジェクトとなっていた原子炉の開発の指揮を執ることになる．このとき，中性子研究におけるフェルミの実績と経験がいかんなく発揮される．そして1942年12月2日，シカゴ大学の実験施設で，人類史上はじめて，"原子の火"がとも

されるのである．

1939 E. O. ローレンス　Lawrence, Ernest Orlando
1901-1958（アメリカ）
「サイクロトロン開発とそれによる人工放射性元素の研究」

　1919年，ラザフォードはラジウムから放射されるα線を窒素，ホウ素，フッ素などに衝突させると，いずれの場合にも水素原子核（陽子）が飛び出してくることを確認した．ここにはじめて，原子核の破壊実験が成功し，その成果として，原子核の構成要素である陽子が発見されたのである．ただ，このとき実験に用いたα線は天然の放射性物質から自然に出てくるもので，その強度やエネルギーを自由に制御することはできないという制約があった．また，α線は2価の正イオンであるため，標的の原子核から強い電気的な反発力を受け，原子核にあまり近づけない．したがって，そのぶん核反応の頻度も落ちてしまう．

　こうした事情から，1920年代の後半に入ると，α線に代わって，1価の正イオンである陽子を高いエネルギーに加速し，人工的に核反応を起こす装置の開発が叫ばれるようになってきた．この課題にそれぞれ独自のアイデアで挑戦し，異なるタイプの加速器を組み立てたのが，キャヴェンディッシュ研究所（ケンブリッジ大学）のコッククロフトとウォルトン（「1951年」参照），そしてカリフォルニア大学バークレー校のローレンスである．

　ローレンスははじめ，陽子を直線的に多段階方式で加速し，100万eV（電子ボルト）以上のエネルギーまでもってくる線形加速器を計画していた．しかし，これだと当時としては加速管（陽子が走る真空の管）が長くなりすぎてしまうことがわかった．そこで，ローレンスは方針を変更し，円軌道を描かせながらくり返し陽子を加速する方法を模索した．

　1930年には早くも，8万eVまで陽子を加速できる小型の試作品第1号がつくられた．まず，中空の半円形電極（Dの字の形をしているので，「ディー」と呼ばれた）を2個，たがいに向き合わせて円形とし，それを磁場の中に置いた．次に全体を真空の容器に収め，磁場に垂直に交流電場をか

けた．こうすると，電極間の電場によって陽子は加速されながら，磁場の作用で曲げられ，円軌道をまわることになる．その結果，電極間を通るたびに，イオンはエネルギーを上げていくわけである．この加速装置が「サイクロトロン」である．

最初のサイクロトロンを手にしたローレンスの写真が残されているが，それは掌にのるほどの小ささである．現在，ヒッグス粒子の検出などで注目されている CERN（欧州合同原子核研究機構）の陽子加速器 LHC（Large Hadron Collider，大型ハドロン衝突装置）が円周 27 キロメートル，エネルギー領域が 1 兆 eV の規模に達していることを考えると，掌サイズの 1 号機がいかにかわいらしいものであるかがわかる．

さて，ローレンスのサイクロトロンはその後，加速エネルギーの増加とともにサイズも大きくなり（とはいってもまだ，実験棟に収まる規模ではあったが），1932 年には当初の目標であった 100 万 eV を達成，原子核の破壊実験が行えるまでになった．その 2 年後，さらにエネルギーを上げた重陽子を窒素に照射して放射線炭素 ^{14}C を生成したのを手はじめに，人工放射線元素の研究を発展させている．

また，1936 年には，ローレンスの指導のもと，セグレがカリフォルニア大学のサイクロトロンを使って重陽子とモリブデンの核反応を起こし，当時，周期表がまだ埋まっていなかった原子番号 43 のテクネチウム（Tc）をつくり出している．最初の超ウラン元素となったネプツニウム（Np，原子番号 93）とプルトニウム（Pu，原子番号 94）も，1940 年，サイクロトロンで加速した粒子によって発生した中性子をウランに照射して合成されている．この研究を行ったマクミランとシーボーグには 1951 年，ノーベル化学賞が贈られることになる．反陽子の発見により，1959 年，ノーベル物理学賞を受けたセグレとチェンバレンの実験もサイクロトロンを改良したベバトロンを用いて行ったものである．

このように加速器を通して核物理学の発展に多大な功績を残したローレンスの栄誉はノーベル賞だけでなく，原子番号 103 のローレンシウム（Lr）にも刻まれている．

1940-1942

受賞者なし

1943

O. シュテルン　Stern, Otto
1888-1969（アメリカ）
「原子線の方法の開発と陽子の磁気能率の発見」

　ボーア（「1922年」参照）の原子構造論に導入された定常状態（エネルギーの量子化）の存在は1914年，フランクとヘルツの原子による電子の非弾性散乱実験によって確かめられていた（「1925年」参照）．1920年代に入るともう一つ，ボーア理論から求められる新奇な内容を証明する実験がシュテルンと彼の協力者ゲルラッハによって行われた．

　ボーアの理論によれば，定常状態にある電子は原子核をまわる環状電流をつくり出すので，原子は小さいな磁石を形成する．加えて，軌道の大きさは離散的なため，そこをまわる電子の角運動量は量子化される．そしてボーアやゾンマーフェルトの詳しい計算から，角運動量のある方向（たとえば外からかけた磁場の方向）の成分もまた量子化されることが示された（これを方向量子化あるいは空間量子化という）．つまり，小さな磁石としてとらえた場合，原子は空間の中で離散的な特定の方向のみを指すわけである．この事実を巧みな実験で証明したのが，シュテルンである．

　1922年，シュテルンは電気炉の中に銀原子の蒸気を充満させ，狭いスリットを通して原子を高真空中に引き出し，細い原子ビーム（原子線）をつくり出した．そして，このビームを不均一な磁場の中に送り込んだのである．

　不均一磁場に入ると，磁石の二つの極がそれぞれ感じる磁場の強さは異なるため，磁石の方向が曲げられる．その結果，小さな磁石である原子には磁場の不均一さによる力がはたらき，偏向が生じることになる．ここで，古典物理学と量子論で，その解釈に決定的な違いが出る．

　古典論に従えば，磁場を通り抜けた原子ビームは，磁場をかけなかったときビームが到達する位置（ビームが直進する方向）で最大の強度を示し，そ

こを中心にしてビームがまわりに拡散する分布をなす．ところが，量子論ではこうはならない．ボーアの理論を精密化したゾンマーフェルトの計算によると，方向量子化された銀原子は磁場の中では場の方向に対し平行と反平行の二つの方向しか指さない．そのため，古典論が示す最大のビーム強度の位置には原子は1個も到達せず，ビームはその両側に分裂する．それは原子という小さな磁石の偏向に対応している．

ノーベル賞受賞講演でシュテルンが提示した実験結果を見ると，ビームが到達する位置の強度分布は，ちょうど輪ゴムの向かい合う2点をつまんで引っ張ったときのような細長い楕円状の形をしている．それは原子の中に現れる方向量子化をみごとに描き出していた．

ところで，原子核もまた磁石と見なせる．原子核の自転運動による環状電流が磁気を生み出すからであり，その結果，固有の磁気モーメントをもつことになる．

ここで，構造が一番簡単な水素原子の核である陽子を考えると，その磁気モーメントは電子のそれの約2000分の1になる（磁気モーメントの大きさは粒子の質量に反比例する）．これくらい小さくなると，ゼーマン効果（「1902年」参照）を利用した分光学的方法では測定できない．シュテルンは水素分子ビームを用いる実験を行い，分光学的方法で測定できる磁気モーメントの1万分の1まで小さな値を求めることを可能にした．その結果，陽子の磁気モーメントが従来推定されていた値の2.5倍もあることが明らかにされたのである．

また，1933年にシュテルンは分子線を用いて，その波動性を検出している．電子の波動性は1927年，デヴィソン，G. P. トムソン（「1937年」参照）によって証明されていたが，電子よりはるかに質量の大きい原子，分子にも量子論特有の二重性の現象が見られることが示されたのである．

なお，第2次世界大戦の影響で，1940年から42年まで，ノーベル賞の授賞は中止され，シュテルンへの授賞は4年ぶりとなるが，その決定は1944年になされている．

1944

I. I. ラービ　Rabi, Isidor Isaac
1898-1988（アメリカ）

「核磁気共鳴法の発見」

　シュテルンの原子ビームの実験（「1943年」参照）を応用，発展させ，原子核の磁気モーメントをより高い精度で測定したのが，この年，ノーベル物理学賞を受賞したラービである．ラービが用いた実験原理は，コマに見られる歳差運動であった．

　コマが鉛直方向に対し傾いて回転するとき，コマの自転軸（中心軸）は鉛直軸のまわりを一定の周期で回転する，いわゆる首振り運動を行う．同様の現象は地球の自転軸においても見られるが，これらはいずれも重力の作用がかかわっている．こうした歳差運動は重力だけではなく電磁気力の作用によっても生じることを，棒磁石を使った実験で示したのはファラデーである．そして1897年，この現象を電子にも当てはめる理論を展開したのが，ラーモアである．

　それによると，電子や原子核に磁場が作用すると，磁気モーメントのベクトルが磁場方向を軸として回転する．このとき，歳差運動の振動数（回転数）は電子の質量，電荷，光速そして磁場の強さによって決まる．そこで，磁場の強さが既知であれば，歳差振動数を測定することによって，粒子の磁気モーメントを求めることができる．ラービは原子ビームを用いた巧妙な実験で，この値の精密な測定を行った．

　磁気モーメントをもつ原子核のエネルギーは磁場の中で離散的な値を取るので，そのエネルギー差に相当する電磁波を原子核に当てると，電磁波はそっくりそのまま吸収され，原子核は高いエネルギー状態に励起される．これを共鳴吸収という．そこで，ラービは磁場の中を走らせた原子線と電磁波の相互作用による共鳴吸収の振動数を調べ，そのデータから原子核の磁気モーメントを決定することに成功したのである．

1945

W. パウリ　Pauli, Wolfgang
1900-1958（オーストリア）
「排他原理の発見」

　映画館や劇場の座席はたいてい，アルファベットと数字の組み合わせで指定されている．たとえば「A-1」と表記されていれば最前列の一番右側を意味し，その席にはこの切符をもった人しか座れない．似たようなことが，ミクロの世界でも見られる．

　1925年，パウリは分光学の測定データと量子論から，電子の量子化されたエネルギー状態は四つの量子数（量子状態を指定する整数もしくは半整数）によって一意的に定められ，そうして定められた一つのエネルギー状態には1個の電子しか入れないという結論を導き出した．一つの席には一人の観客しか許されないように，一つのエネルギー状態が1個の電子に占められてしまうと，ほかの電子は排斥され，もはやそこに入り込む余地はなくなってしまう．したがって，これを「排他原理」と呼ぶ．一般にスピンという量子数が半整数になる粒子（陽子，中性子など）はすべて，この原理に従う．一方，スピンが整数である光子にはこの原理が適用されない．その結果，光子は一つのエネルギー状態に何個でも詰め込まれることができる．

　パウリ自身がそしてディラックがともにノーベル賞受賞講演で言及しているように，ディラックによる陽電子の予言（「1933年」参照）はまさに，このパウリの排他原理に依拠している．

　シュレディンガー方程式に特殊相対性理論を組み込んだディラック方程式を解くと，電子には正エネルギー状態（観測されるふつうの電子）だけでなく，$-\infty$まで続く負エネルギー状態（直接は観測できない電子）が存在するという奇妙な結論が導かれてしまった．ここで，もし負エネルギー状態が空席だと正エネルギー状態の電子は電磁波を放射しながら，空っぽの低い状態へ落下してしまう．この"階段"は$-\infty$まで伸びているので，電子の落下と電磁放射は際限なく続く．底なし沼にはまったような事態となる．しかし，実際にはもちろん，こんな恐ろしい現象は起きていない．

　そこで，この矛盾を解決するためにディラックはパウリの排他原理に注目

した．ディラックは真空には負エネルギーの電子が$-\infty$までびっしりと埋め尽くされていると仮定した．そうすると，そこはもうすでに別の電子によって占有された席なので，正エネルギー状態の電子が入り込むことはできない．つまり，落下がくい止められるというわけである．

ただし，ここで話が終わったのでは，あくまでも仮説の域を出ないが，ディラックはこれを検証する理論を提示した．γ線が負エネルギー電子に衝突し，光子のエネルギーをすべて電子に渡すと，電子は正エネルギー状態に飛び上がり，観測されることになる．一方，びっしり詰まっていた負エネルギー状態には穴があいてしまう．つまり，負電荷が1個抜けてしまったわけであるから，そこは正電荷に対応する．その結果，γ線が消滅し，電子と陽電子の対(ペア)が発生することになる．$E=mc^2$の式に従って，γ線のエネルギーが電子と陽電子の質量に変換されるわけである．ディラックが予言していた陽電子を実際にとらえたのは，アンダーソン（「1936年」参照）であった．

逆に，負エネルギー状態に空席があると，そこに上から電子が落下し，穴を埋めてしまう可能性がある．電子と陽電子が衝突した場合がこれに当たるが，このときは両者が対で消滅し，代わってγ線が発生することになる．この現象もその後，数多く観測されている．というわけで，アクロバティックに見えたディラックの理論の基盤には，パウリの排他原理があったのである．

ところで，放射性元素の原子核が電子を放出して，別の原子核に変換する現象がある（これをβ崩壊という）．その際，β崩壊前後の核の量子化されたエネルギー状態は決まっているので，放出される電子のエネルギーは崩壊前後のエネルギー差に対応する単色スペクトルを示すはずである．ところが，そうはならず，電子のエネルギーは連続スペクトルをなすことが当時，観測によって知られていた．これでは，エネルギー保存則が破綻してしまう．破綻を避けるためには，行方不明となったエネルギーを探さねばならない．これを説明するため，1930年，パウリが唱えたのがニュートリノ仮説である．

パウリはβ崩壊が起きると，電子と一緒に質量がきわめて小さい中性の粒子が放出され，これが行方不明となっているエネルギーを持ち去るのでは

ないかと考えた．この中性粒子がニュートリノである．なおはじめ，パウリ
はこの粒子をニュートロンと呼んだ．まだ中性子が発見される以前の話で
あった．1933年，ニュートリノという名称をつけたのは，フェルミ（「1938
年」参照）である．ただし，こういう粒子は観測されていなかったわけで
あるから，それは相互作用をほとんどせず，どんな物質をも貫通していく性質
をもつと予測された．あらゆる物質がニュートリノにとっては，"透明"な
わけである．

　今日，太陽や超新星爆発によって発生するニュートリノを観測するニュー
トリノ天文学と呼ばれる新しい分野が生まれ，素粒子としてのその性質を調
べる実験も盛んである．こうした時代の到来がもし，フェルミの生前であれ
ば，彼はもう1回，ノーベル賞を受けていたかもしれない．

1946

P. W. ブリッジマン　　Bridgman, Percy Williams
1882-1961（アメリカ）
「超高圧圧縮機の発明と高圧物理の研究」

　1905年から継続して高圧装置の開発と高圧下での物質の特性に関する研
究を行ったブリッジマンに，この年のノーベル物理賞が贈られた．20世紀
のはじめ，人工的につくり出せる高圧の限界は3000気圧程度であったが，
ブリッジマンは初期の段階で早くも，2万気圧の圧力を得ることに成功，最
終的には50万気圧を達成している．これは地球内部のおよそ深さ1000キロ
メートル付近の圧力に匹敵する強さである．

　ブリッジマンの高圧装置は連結された二つの容器からなり，全体は液体で
満たされていた．可動ピストンによって一方の容器の液体を高圧にし，その
圧力が液体によって，もう片方の容器に伝えられる．このとき，最も重要な
ポイントは圧力漏れが起きないようパッキングを工夫することであったと，
ブリッジマンはノーベル賞受賞講演の冒頭で強調している．

　こうして高圧をつくり出したブリッジマンは，その条件で物質の構造，性
質がどのように変化するかを調べている．一例を挙げると，氷（固相の水）
に高圧を加えると，7種類の変態（化学組成は同一であるが，結晶系や物理

的性質が異なる状態）が存在することが明らかにされた．また，リンについても2種類の新しい変態が見出されている．ほかにも，電気抵抗，熱電現象，熱伝導現象，流体の粘性，固体の弾性などに及ぼす圧力の効果を測定し，物性物理学に新しい分野を開拓した．それはまた，地球内部で起きている物理現象や物質の状態を探る有力な手段となったのである．

1947
E. V. アップルトン　Appleton, Edward Victor
1892-1965（イギリス）
「高層大気の物理，とくに電離層の研究」

　1901年12月12日，マルコーニはイギリスとカナダ東海岸のニューファンドランド島の間での無線通信に成功した（「1909年」参照）．これは電波が地球の球面に沿って，曲がりながら伝わっていくことを示していた．この現象に注目したヘヴィサイドとケネリーは独立に1902年，成層圏の高度に電気伝導性の層（電離層）が存在し，そこで電波が反射されるため，遠距離通信が可能になるであろうという説を唱えた．しかし，当時は彼らの説を証明する観測証拠がなかったため，電離層の存在は広くは受け入れられなかった．代わって，大気や水蒸気による電波の回折で遠距離通信の原理が解釈されていた．

　この問題の解明に取り組んだのが，アップルトンである．イギリスでは1922年にラジオ放送が開始された．このとき，ロンドンのBBC放送局から発信された電波をケンブリッジで受信すると，昼間は信号強度が一定し，受信状態は良好であるが，夜間になるとその強度は安定せず，強弱をくり返す現象が見られたのである．その理由として，発信機から地表に沿って直接，受信機に届く電波（直接波）と，いったん超高層に達し，そこに存在する電離層で反射されてから受信機に入ってくる電波（反射波）との干渉によるものではないかと考えられた．つまり，上空には電波をはね返す大気層が存在し，そこの状況が昼間と夜間で変化しているというわけである．

　そこで，アップルトンは1924年，ボーンマスのBBC放送局とオックスフォードの受信所の間で電波信号の観測を行った．直進する直接波と山型の

道をたどる反射波の経路差が電波の波長の整数倍であれば，波は強め合って，電波の受信強度は極大になる．一方，経路差が半波長の奇数倍であれば，波の山と谷が重なるため，強度は極小となる．この干渉現象を利用して，電波の波長を連続的に変化させながら極大と極小のくり返しを観測すれば，二つの波の経路差がわかり，電離層の高度が求まることになる．その結果，アップルトンは高度約 90 キロメートルのところに，ヘヴィサイドとケネリーが予測した電離層が存在することを明らかにした．

さらに 1926 年から 1927 年にかけ，同様の観測を行い，高度約 230 キロメートルの位置にも電波を反射する層が存在することを突き止めている．

電離層の状態（電子密度，電波の反射係数）は太陽の位置や黒点の増減に強く影響されるが，アップルトンはこうした変化の詳しい観測を継続的に行い，無線通信やラジオ放送の発展につとめた．また，アップルトンが開発した電離層による電波の反射を測定する技術は，レーダーの開発にもつながったのである．

1948 P. M. S. ブラケット　Blackett, Patrick Maynard Stuart
1897-1974（イギリス）
「霧箱の改良と原子核および宇宙線分野での発見」

1932 年，アンダーソンによる陽電子の発見（「1936 年」参照）に見られるように，宇宙線（宇宙から地球に飛来する高エネルギーの放射線）の観測にはもっぱら，ウィルソンが開発した霧箱（「1927 年」参照）が用いられていた．その際，霧箱を無作為に作動させ，飛跡の撮影を行っていた．

しかし，宇宙線がいつ，霧箱に飛び込んでくるのか，あらかじめわかっているわけではない．また，飛び込んできた宇宙線をとらえるのに許される時間は一瞬である．したがって，手当たり次第，行き当たりばったりに霧箱を作動させる方法では，観測効率は著しく低いものになる．実際，この方式で観測が行われていた時代，写真を撮っても，宇宙線の飛跡が記録されている確率は，わずか数パーセントにすぎなかった．これでは，時間と経費が大幅に無駄になる．

そこで，ブラケットは宇宙線が飛び込んだ瞬間，自動的に作動して写真撮影を行う，効率のよい霧箱の開発に取り組んだ．このとき，ブラケットが宇宙線の検出手段として利用したのが，ガイガー計数管の同時放電である．これは並んで置いた二つの計数管が荷電粒子の貫通によって，同時に放電を起こす現象である．二つの計数管を一気に突き抜けて同時に検出されるほど高いエネルギーをもつ放射線は，宇宙線以外には考えられなかったため，ブラケットはこの現象に注目したのである．

　ブラケットは1932年，同時放電を示すガイガー計数管の電気信号によって霧箱が作動し，自動的に飛跡の撮影を行う装置の組み立てに成功した．これはたとえてみれば，飛来した宇宙線自身にシャッターを押させ，自分の写真を撮らせていることになる．その結果，現像したフィルムのおよそ80パーセントに宇宙線の飛跡が記録されるようになり，従来の無作為な方法に比べ，観測効率は格段に向上したのである．

　この装置でとらえられた宇宙線の写真の中には，γ線が消滅し，電子と陽電子の対が生成される過程を示す飛跡が数多く残されていた．それらはアンダーソンが偶然，たった1枚だけ撮影した陽電子の存在を確実なものとする証拠となった．

　ところで，ブラケットがこの分野の研究を手がけることになったきっかけに一人の日本人物理学者がいたことを，ブラケットはノーベル賞受賞講演で触れている．その人物とは日本物理学会初代会長となる清水武雄（1890～1976）である．清水は1917年，キャヴェンディッシュ研究所に留学，ラザフォードの指導のもと，ウィルソンの霧箱の改良に取り組んでいた．そして1921年，2方向から同時に粒子の飛跡を撮影し，衝突前後の過程を立体的に観測できるカメラの開発を行った．

　ところが，せっかくここまでこぎつけながら，留学期間が切れた清水は帰国の途に着かねばならなかった．そこで清水の研究を継続させるためにラザフォードが選んだのが，この年，ケンブリッジ大学を卒業したばかりのブラケットであった．

　ブラケットは清水の置き土産となった清水式霧箱をさらに改良し，α粒子と軽い原子核が衝突する過程の写真撮影に成功している．また，1925年に

はα粒子を吸収した窒素の原子核が陽子を放出し，酸素の同位体に変換される現象も写真に収めている．こうした初期の研究が，後の宇宙線を自動撮影する装置の開発につながったのである．

1949 湯川 秀樹　Yukawa, Hideki
1907-1981（日本）
「中間子の予言」

　日本人ではじめてノーベル物理学賞にノミネートされたのは，1932年強力磁石鋼の発明を行った本多光太郎である．しかし，彼は受賞にまでは至らなかった．そして，二人目となるノミネート者が，湯川秀樹である．1940年からほぼ毎年，候補者に挙げられ続けた湯川はついに1949年，「核力の作用を説明する中間子の予言」でノーベル賞を手にするのである．

　この年（昭和24年）11月4日の『朝日新聞』は1面トップに「湯川博士にノーベル賞，日本人で最初の栄誉」という見出しを掲げ，その快挙を報じている．また，その社説にはこう記されている．「ノーベル賞が敗戦の日本に与えられたことは，広く日本人全体に，大きな自信と希望を与えるものである．世界の期待に背かぬように，われわれは，科学の向上発展のためにさらに一層の努力を積み重ねる決意をあらたにしたい」（11月5日）．湯川の中間子論は物理学の発展だけでなく，敗戦の傷あとがまだ癒えぬ日本人への激励にもなったのである．

　1932年，チャドウィックによって中性子が発見され（「1935年」参照），原子核の構成要素が陽子と中性子（両者をまとめて核子と呼ぶ）であることが明らかにされた．そうなると，次の段階として，核子を狭い原子核の中に固く結合させ，閉じ込めているのは，どのような力なのかという問題が生じてきた．陽子はたがいに電気的な反発力を作用し合う．また，中性子には電気的な力ははたらかない．これに対し，重力は電気力に比べあまりに弱すぎ，核子を束縛していくことなど，とてもできない．それにもかかわらず，原子核が固く凝集しているためには，核子間に電気的な反発力に打ち勝つ新しい力（核力）が必要になる．

1935年，湯川は「中間子論」を発表，核子同士が中間子という粒子をやり取りすることによって核力が発生しているとする説を唱えた．やり取りが続く限り，二つの核子は離れることがないというのである．このように，力の作用を粒子のやり取りによって説明しようとする試みは，ハイゼンベルク（「1932年」参照）とパウリ（「1945年」参照）が提唱した「場の量子論」という考え方に基づいている．

　「場」というのは電磁場，重力場などのように，ある物理的な力が及ぶ空間である．そして，場は運動量とエネルギーをもつ波動となって伝わっていく．電磁波，重力波などがそれにあたる．さて，量子論の「粒子と波の二重性」を適用すれば，波動性を示す場には同時に，粒子性も備わっていることになる．電磁波を例にとれば，それを粒子と見なしたのが光子であり，電磁気力は電子や陽子などの間で行われる光子のやり取りに帰着される．こうした考え方が場の量子論である．

　湯川はこのような場の量子論を応用し，核子間における中間子のやり取りを想定して核力を説明しようとしたのである．

　核力は原子核の内部では陽子同士の電気的反発力を押さえ込むほど十分強いが，核から一歩外へ出ると，距離の増加とともに急激に減少するという特徴をもっている．つまり，作用の到達距離がきわめて短いわけである．そこで，湯川はこうした特徴を取り入れて核力のポテンシャルを記述し，それを用いて量子論の波動方程式を計算した．そして，その結果として，中間子の質量を算出している．ここで核力の到達範囲を原子核のサイズ程度に見積もると，中間子の質量は電子のおよそ200倍と予想された（この値は電子と陽子の質量の中間にあたることから，中間子と呼ばれた）．

　ところで，核子の間でやり取りされる中間子を生み出すエネルギーは，はたしてどこから供給されるのであろうか．これを説明するのが，ハイゼンベルクの不確定性原理になる．

　中間子の質量を m とすると，相対性理論の要請から，核子は $E=mc^2$ で表されるエネルギーを捻出しなければならない．ところが，ここでミクロの世界特有の過程が現れる．いま，中間子が核子の間を移動する時間を Δt とすると，不確定性原理により，Δt の時間内に限れば，エネルギーには $\Delta E \sim$

$h/\Delta t$ のあいまいさが生じる．そこで，ΔE として本来，捻出しなければならないはずの中間子の質量エネルギー mc^2 をとると，$\Delta t \sim h/mc^2$ となる．つまり，この時間内に限定すれば，エネルギー源がたとえなくても，不確定性原理が許す範囲内で mc^2 のエネルギーが生み出されることになる．

さて，中間子が核子間を移動する速度は光速 c を超えられないので，Δt の時間内に中間子が移動できる距離は $c\Delta t = h/mc$ 以下となる．ここに核力の到達距離（原子核のサイズ）を代入すると，中間子の質量 m は電子の約 200 倍で与えられるわけである．

なお，核子間で起きる中間子のやり取りのように，不確定性原理のもとだけで可能な過程を仮想過程と呼ぶ．つまり，このままでは中間子を直接観測することはできない．実際に自由な中間子を観測するには（仮想過程から現実の過程に引き出すには），少なくとも中間子の質量に相当するだけのエネルギーを投入する必要がある．その値はおよそ 1 億 eV（電子ボルト）であり，1930 年代の加速器ではまだ届かぬエネルギー領域であった．

湯川が予言した中間子がはじめて検出されるのは，1947 年，パウエルが行っていた宇宙線の観測においてであった（「1950 年」参照）．

1950

C. F. パウエル　Powell, Cecil Frank
1903-1969（イギリス）

「原子核乾板の開発と中間子の発見」

湯川秀樹が中間子論（「1949 年」参照）を発表した 2 年後の 1937 年，アンダーソン（「1936 年」参照）らが宇宙線の観測の中で，質量が電子の 100 倍から 200 倍と見積もられる正・負の荷電粒子を検出した．しかし，これは湯川が予言した中間子ではなかった．1945 年，コンヴェルシらがアンダーソンが見出した粒子を磁場で集束させ，物質に吸収させたところ，原子核との激しい反応が生じなかったのである．この粒子が中間子であれば，核子との相互作用は強いはずであるから，物質に吸収された後，高い確率で原子核の崩壊が発生するはずであるが，そうした現象は見られなかったのである（それは後にミューオンと呼ばれるようになる，別の粒子であることが判明

する).

　1947年,ポリエチレン製の気球を利用し,それを成層圏まで上昇させて宇宙線の観測を行っていたパウエルがついに,湯川の中間子を発見することになる.パウエルは高速の荷電粒子に高感度で反応し,粒子の飛跡を解明に記録できる写真乳剤の開発に成功していた.これはウィルソン霧箱(「1927年」参照)よりも多くの点で利点があった.その利点が功を奏し,乳剤にさらされた写真乾板に残された飛跡の中に,パウエルは電子の質量の約273倍の粒子を発見したのである.こうして,湯川の予言から12年後,中間子(それは今日,パイ中間子と呼ばれている)は仮想過程から現実の粒子としてとらえられた.

　翌1948年には,カリフォルニア大学の加速器の中で人工的にパイ中間子がつくり出されるようになる.そのために必要な1億eV(電子ボルト)を超えるエネルギーを発生できる加速器の建設が可能となっていたのである.

　人工的にパイ中間子をつくり出せるようになったあたりから,加速器の高エネルギー化はまさに加速していく.それは湯川が『素粒子論研究の思い出』(1978年)で回想しているように,新しい素粒子物理学のはじまりを告げていた.そして1950年代に入ると,多種多様な素粒子(共鳴エネルギー準位と表現したほうが適当な寿命の極端に短い粒子も含む)が発見され,そこから,さらに基本的な粒子(クォークやレプトン)を見出そうとする研究が動き出すのである.

1951

J. D. コッククロフト　　Cockcroft, John Douglas
1897-1967(イギリス)

E. T. S. ウォルトン　　Walton, Ernest Thomas Sinton
1903-1995(アイルランド)

「高電圧加速装置の開発とそれによる原子核の変換」

　陽子を原子核に照射すると,陽子は原子核から電気的な反発力を受け,はね返される.したがって,陽子が原子核の中に侵入して核反応を誘発するためには,核のポテンシャル障壁を乗り越えられるだけの高い運動エネルギー

を得るまで電圧をかけて，陽子を加速しなければならないと考えたくなるが，それは古典物理学の範囲での話である．量子論に従うと，陽子にも波動性が伴うので，たとえ原子核のポテンシャル障壁より陽子のエネルギーが低くても，一定の確率で陽子は原子核の中に入り込むことができる．こうした現象を「トンネル効果」という．ポテンシャル障壁という"山"にトンネルを開け，そこを波が通り抜けるのである．

トンネル効果は，ウランなどに見られるように，原子核内に囲い込まれているα粒子がポテンシャル障壁から滲み出るようにして放出されるα崩壊においても観測される．1928年，ガモフがトンネル効果によってα粒子が核外に飛び出す確率を計算している．

すでに1911年，ガイガーとヌッタルが放射性元素から放出されるα粒子のエネルギーと元素の崩壊速度を測定し，両者の定量的な関係を与える式（ガイガー－ヌッタルの法則）を見出していた．この法則は，エネルギーの高いα粒子を放出する元素ほど速く崩壊する傾向にあることを示していた．ガモフの理論はこの傾向と一致したのである．

そこで，ガモフの理論を先ほど述べた陽子を原子核に照射する場合に当てはめてみると，標的が軽い元素であれば，高々数十万ボルト程度の加速電圧でも，陽子がトンネル効果によって原子核の中に侵入することは可能となった．その場合，照射する陽子ビームの強度を上げれば，それだけ核反応の頻度も上がることが期待される．

こうした理論予測に基づいて，1932年，電圧増幅回路に独自の工夫を施し，60万ボルトの電圧を安定して発生させる加速装置を組み立てたのが，キャヴェンディッシュ研究所（ケンブリッジ大学）のコッククロフトとウォルトンである．彼らは水素ガスを高圧放電によって電離する方法でつくり出した陽子を加速装置に導入し，リチウムの原子核にぶつけたのである．

加速電圧が10万ボルトを超えるあたりから，リチウムの原子核の破壊が観測されはじめた．実験は50万ボルトまで電圧を上げて行われたが，陽子のエネルギーが高くなるにつれて破壊される原子核の数も増加し，その傾向はガモフのトンネル効果の計算とも一致した．ここにはじめて，人工的にエネルギーを制御した粒子による原子核の破壊実験が成功したのである．

1969年に出版された『加速器の歴史』(M. S. リヴィングストン著，みすず書房）によると，コッククロフトらの実験が行われた1932年から1968年まで，加速器のエネルギーはほぼ6年ごとに10倍ずつ高くなっている．そして，加速エネルギーの増大は1970年代以降も続いている．今日陽子を1兆eVまで加速するCERNの大型ハドロン衝突装置LHCは，その象徴である．叩いて壊し，素粒子を調べるという，いわば腕力まかせの実験原理の原点は，コッククロフトとウォルトンの研究にあったのである．

1952

F. ブロッホ　Bloch, Felix
1905-1983（アメリカ）

E. M. パーセル　Purcell, Edward Mills
1912-1997（アメリカ）

「核磁気共鳴吸収法の開発」

　この年のノーベル物理学賞は，1946年，独立に核磁気共鳴吸収を利用して原子核の磁気モーメントの測定法を開発したブロッホとパーセルに贈られた．この分野の先駆的な研究を手がけたのはラービ（「1944年」参照）であるが，受賞した2人は1946年，ラービの方法をそれぞれ発展させ，核磁気共鳴（Nuclear Magnetic Resonance, NMR）と呼ばれるようになる技術を確立したのである．

　自転をしている原子核は微小な磁石（磁気モーメントをもつ粒子）として振る舞い，そのエネルギー準位は静磁場の中で分離している．分離したエネルギーの間隔は，原子核（元素）の種類に固有な値を取る．そこで，それぞれの間隔に対応する周波数の電磁波を当てると，原子核は電磁波を吸収して高いエネルギー状態に励起されるので，固有の吸収スペクトルを示す．この現象がNMRである．

　ラービの測定方法は気体状の原子や分子の流れを対象としていたのに対し，ブロッホとパーセルによるスペクトル分析は固体，液体の化学構造の解析や化合物の定性・定量分析に利用することが可能であることから，多くの応用を生み出した．医療診断用として後に開発される画像法MRI (Magnetic

Resonance Imaging）も NMR を基礎としたものの一つである．

　また，ブロッホは周期的なポテンシャルをもつ場におけるシュレディンガー方程式（「1933 年」参照）の解を与える「ブロッホの定理」（1928 年）を導出した業績でも知られている．

　一方，パーセルはノーベル賞を受賞する前年の 1951 年，天文学の分野でも重要な発見を行っている．彼は宇宙空間に存在する中性水素から放射される波長 21 センチメートルの電波の線スペクトルを，はじめて観測したのである．水素原子の中では，1 個の電子が 1 個の陽子だけからなる原子核のまわりを回っている．そして，電子の自転軸（スピン）は陽子のそれに対して平行か反平行のどちらかの方向を指す．波長 21 センチメートルの電波パルスは，電子の自転軸が平行から反平行にひっくり返ったとき，そのエネルギー差に対応して発せられるのである．当時，宇宙空間には水素が豊富に存在し，それが電波を出しているであろうことは理論的に予想されていたが，パーセルの観測はその予想を実証するものとなった．電波は星間物質に遮断されず地球に届くので，その観測は貴重な情報を得る手段となったのである．

1953

F. ゼルニケ　　Zernike, Frits
1888-1966（オランダ）
「位相差顕微鏡の発明」

　顕微鏡は 1590 年，オランダでヤンセン父子によって発明されたと伝えられている．17 世紀後半に入ると，フックの『ミクログラフィア』（1665 年）や，レーウェンフックの『顕微鏡によってあばかれた自然の秘密』（1695〜1719 年）などが出版され，顕微鏡によるミクロの世界の探訪が盛んに行われるようになる．以降，改良が続けられた顕微鏡は 19 世紀後半の微生物学の発展にも大きな貢献を果たすことになる．

　しかし，いくら改良を重ねても，分解能（観察できる最小サイズ）は 1 マイクロメートル（$=10^{-6}$ メートル）程度が限界になる．顕微鏡は可視光を利用しているので，その波長の長さから，原理的にこれ以上小さい対象物

を見ることはできないからである．こうした制約から，顕微鏡は19世紀末，ほぼ完成の域に達していたと考えられていた．そこで，20世紀に入ると，電子の波動性を利用して，より分解能の高い電子顕微鏡の開発が進められるようになるわけである（「1986年」参照）．

ところが，電子顕微鏡の研究がちょうど開始された1930年代，やや意外なことに，もはや改良の余地はないと思われていた光学顕微鏡の分野で，ブレイクスルーが起きた．ゼルニケによる位相差顕微鏡の発明である．

光学顕微鏡のもとでは，観察対象がたとえ可視光の波長域によって決まる限界より大きくても，無色透明な細胞や細菌などは見えない．そこで，対象物に染色を施したり，照明の当て方を工夫してコントラストをつけるなどの手法が取られていた．しかし，これは対象物の本来の姿に手を加えてしまう結果となり，またそこから像が鮮明さを失うという難点があった．

1935年，ゼルニケはこの難点を回避すべく，位相差法と呼ばれる光学技術を考案し，透明物体に処置を施さずとも精度のよい観察が可能な方法を確立したのである．無色透明な物体であっても，厚さや屈折率が部分的に異なれば，そこを透過した光の間に位相差（波の位置のずれ）が生じる．ゼルニケはこの位相差を像の明暗の違いに変換してコントラストを際立たせ，物体の構造を観察できるようにした新しいタイプの光学顕微鏡を組み立てるのに成功した．

ここで，ゼルニケ以前にノーベル物理学賞が贈られて研究をたどってみると，その主流は電子，原子，原子核，素粒子，宇宙線といったミクロの対象に関するものであることがわかる．それは20世紀に入ってから構築された量子論によって記述される分野であった．これに対し，ゼルニケの位相差顕微鏡は完全に19世紀の古典物理学の範疇に収まるものである．20世紀も後半に入ってから，こうした研究にノーベル賞が贈られたというのは，きわめて例外的であり，それだけに"先祖返り"を見ているような歴史の面白さを感じる．視点を変えれば，古典物理学の土俵にも，まだやるべきこと，できることがあった事実をゼルニケの位相差顕微鏡は教えてくれている．

1954

M. ボルン Born, Max
1882-1970（イギリス）
「波動関数の統計的解釈」

W. ボーテ Bothe, Walther
1891-1957（ドイツ）
「同時計数法の開発とそれによる発見」

1926年，シュレディンガーは電子の波動的振る舞いを記述する方程式を導き出し（「1933年」参照），これが量子論の基本方程式となった．その解は波動関数 ψ（プサイ）と呼ばれている．ψ は一般に，位置と時間の関数になる（定常状態では時間には依存しない）．

この波動関数の物理的意味について，シュレディンガー自身は次のように考えた．電子は負電荷が雲のように広がったもので，波動関数の絶対値の2乗 $|\psi|^2$ は，そうした雲の空間的な密度に対応するというのである．つまり，$|\psi|^2$ の値が大きいところほど雲は濃く，電荷密度が高くなる．しかし，シュレディンガーの解釈を受け入れると，電子はもはや点電荷とは見なせず，雲がちぎれると，電子は複数の断片に分裂してしまう．そうなると，電子の電荷は電気素量ではなくなってしまう．これは明らかに変である．

そこで，ボルンは1926年，波動関数の統計的解釈を提唱した．ボルンは $|\psi|^2$ はある時刻において，電子がある場所に存在する確率を与えるものと見なした．それは電子雲の連続的な密度分布とするシュレディンガーの考え方を否定し，$|\psi|^2$ の値が大きいほど，電子をそこに見出す確率が高いとしたのである．

結晶に照射した電子線が波動性を示す干渉を起こすことは，1927年，デヴィソン，G. P. トムソンによって証明されるが（「1937年」参照），ボルンの解釈によると，この現象は以下のように理解される．

電子が描き出す干渉模様を拡大して見ると，それはたくさんの点の集合からなることがわかる．点は1個1個の電子が，その位置にやって来たことを表している．写真乾板を用いて干渉模様を撮影した場合，乾板に飛び込んだ電子がその位置を感光し，点となって検出されるわけである．そして，点の

密度が大きく濃いところほど、電子がそこに存在する（観測される）確率が高く、$|\psi|^2$の値が大きい領域に対応する．局所的にとらえればそういうことになるが、全体として眺めてみれば、$|\psi|^2$で与えられる電子の濃淡が波としての干渉模様をつくり出しているわけである．

ところで、こうしたボルンの解釈はニュートン力学に基づく決定論との決別を意味する．不確定性原理（「1932年」参照）と同様、電子の位置を100パーセント正確に求めることはできず、多数の電子を統計的に扱って、確率の大小で表すしかないというわけである．ボルンがノーベル賞を受賞したことからもわかるように、波動関数の統計的解釈は物理学者の間に広く定着していくが、それに対し強硬に異を唱え続けたのが、アインシュタインである．

1926年、アインシュタインはボルンにこう書き送っていた．「量子力学の成果はたしかに刮目に価します．ただ、私の内なる声に従えば、やはりどうしても本物ではありません．量子論のもたらすところは大なのですが、われわれを神の秘密に一歩とて近づけてくれないのです．いずれにしろ、神はサイコロばくちをしない、と確信しています」（西 義之 訳『アインシュタイン・ボルン往復書簡集』、三修社、1976年）．アインシュタインの量子論批判を象徴する「神はサイコロばくちをしない」という有名な言葉が、ここに現れている．

ボルンのノーベル賞受賞に対して、アインシュタインは心からの祝意を伝えてはいるが、統計的解釈を受け入れようとはしない姿勢は1955年に亡くなるまで変わらなかった．これについてボルンは「アインシュタインが量子力学を受けつけなかったのは、底にある哲学的見解の相違からくるものであって、この差異がアインシュタインと、年齢差こそ少ないが私をも含めてその後に続く世代とに、一線を画するのである」とコメントしている（前掲の『往復書簡』）．その意味で、ボルンのノーベル賞受賞は量子論の歴史に一区切りをつけるものであった．

さて、1954年のノーベル物理学賞をボルンと分け合ったのが、同時計数法を開発し、原子核物理学のさまざまな現象の観測に貢献したボーテである．

1925年，ボーテは二つのガイガー計数管が同時に粒子を検出したときだけ，計数が記録される装置を組み立てた．これによって，X線と電子の衝突（コンプトン効果，「1927年」参照）の素過程を詳しく調べることができるようになった．一方の計数管で衝突が起きると，X線からエネルギーをもらってはじき飛ばされた反跳電子がこの計数管で数えられる．一方，電子により散乱されたX線（光子）はもう一つの計数管に入り，電気信号となって記録される．その結果，個々の素過程において，散乱X線と反跳電子の間で，エネルギー保存側と運動量保存側が成り立つとするコンプトンの説が確かめられたのである．

　また，1929年には同時計数法を用いて宇宙線の観測を行い，ヘスが発見した宇宙線（「1936年」参照）にはγ線だけでなく，高エネルギーの粒子が存在し，同一の粒子が二つの計数管を瞬時に通り抜けることを明らかにした．この計数法では分解時間（同時と認められる時間幅）を短くすることが重要になる．ボーテが観測をはじめたころ，その値は10^{-4}秒程度であったが，1929年には10^{-7}秒程度まで短縮されている．

　1930年には，ボーテの研究室にいたロッシによって，2個以上の計数管で同時に計数できる装置が考案され，宇宙線のシャワー（高エネルギー粒子が物質の中を走るとき，衝突によって多数の2次粒子を発生する現象）がはじめて観測されている．こうして，ボーテが開発した同時計数法は粒子の衝突現象の研究に広く用いられるようになったのである．

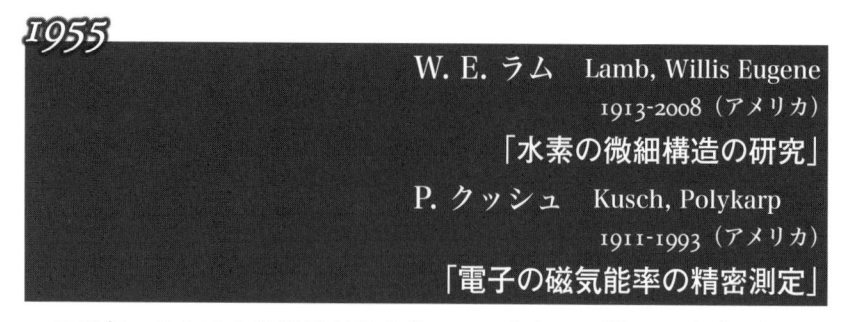

1955

W. E. ラム　Lamb, Willis Eugene
1913-2008（アメリカ）
「水素の微細構造の研究」

P. クッシュ　Kusch, Polykarp
1911-1993（アメリカ）
「電子の磁気能率の精密測定」

　1947年，ラムは水素原子が出す光のスペクトルに関し，重要な発見を行った．水素は陽子のまわりを1個の電子がまわる最も単純な構造をした原

子である．そのため，水素のエネルギー準位については以前から，詳しい研究が行われていた．

1885年には，バルマーが分光学的測定で得られる水素のスペクトル線の振動数には，簡単な数式で表される規則性が見られることを指摘している．その2年後，マイケルソンとモーリーはバルマーが指摘したスペクトル線の1本が，実は二重線からなる微細構造をもつことを発見した．一方，理論的には1926年，シュレディンガーが波動方程式に従って，水素のエネルギー準位を計算している（「1933年」参照）．

さらに1928年，ディラックが相対論的波動方程式を導き出し（「1933年」参照），それを使って非相対論的理論では現れなかったスピン-軌道相互作用に起因する微細構造（電子の自転と軌道運動の相互作用に基づくスペクトル線の分裂）を見つけている．このように，水素のエネルギー準位は詳細に調べつくされたかに思われていたが，1947年，ラムによって新しい展開が起きる．

ラムは分光学的測定を取らず，マイクロ波による磁気共鳴の方法で実験を試みた．まず，電子ビームを照射して水素原子を高いエネルギー状態に励起し，磁場をかけながら，マイクロ波を当てたのである．水素がマイクロ波を吸収すると，そのエネルギーに対応する準位間の遷移が誘起される．その結果，分光学測定とディラックの理論が示していたエネルギー準位からほんのわずかではあるが，エネルギー準位にずれが見出されたのである．このずれをラム・シフトと呼ぶ．

1947年には，もう一つ重要な発見がクッシュによってなされる．電子の磁気モーメント（電子の回転運動によって発生する磁場）もディラックの理論から求められていたが，クッシュは原子線や分子線を用いた測定を行い，その値が理論値よりも0.1パーセントあまり大きいことを見出した．これを異常磁気モーメントと呼ぶ．

同じ年，ラムとクッシュが発見した効果はいずれも非常に小さなものであった．換言すれば，ラムはマイクロ波を用いて，クッシュは原子線を用いて，きわめて精密な測定を行ったわけである．そして，その微小な効果を表すラム・シフトと異常磁気モーメントは，電子が自分自身の周囲につくり出

す電磁場と相互作用をするというなんとも不思議な現象の証拠となったのである．

この現象の理論的説明は，朝永振一郎，シュウィンガー，ファインマンによってなされることになる（「1965年」参照）．

1956

W. B. ショックレー　Shockley, William Bradford
1910-1989（アメリカ）

J. バーディーン　Bardeen, John
1908-1991（アメリカ）

W. H. ブラッタン　Brattain, Walter Houser
1902-1987（アメリカ）

「半導体の研究とトランジスター効果の発見」

1904年，フレミングによって発明された真空管はその後，さまざまな電気機器に利用されるようになる．1946年にアメリカで組み立てられた最初の電子計算機 ENIAC も，真空管で作動するものであった．しかし，真空管はいくつも不便な点が指摘されていた．まず，管内を真空にするため，一定以上の大きさが必要なこと．破損しやすく，交換が頻繁に起きること．エネルギー消費量が大きく，フィラメントを熱して作動するのに時間がかかることなどであった．

そうした状況の中，1948年，ベル電話研究所の3人の物理学者ショックレー，バーディーン，ブラッタンが，ゲルマニウム（半導体）に少量の不純物を混ぜると，真空管が有する整流器と増幅器の作用を示すことを発見した．しかも，その作用は真空管よりもすぐれていた（数年後にはゲルマニウムに代わって，やはり半導体のシリコンが用いられるようになる）．また，固体である半導体は真空を必要としないので，小型化が可能であり，交換の頻度も少なく，加えて，エネルギー消費量が抑えられ，作動も速いという利点があった．

こうした特性をもつ半導体は電気抵抗器を通って電流が伝わることから，トランジスター（transmit と resistor の合成語）と呼ばれるようになる．ト

ランジスターの発明は，エレクトロニクスが真空管の時代を終え，小型の半導体（固体素子）の時代へと移り変わったことを告げたのである．これは劇的な技術革新となった．

ところで，バーディーンは1951年，イリノイ大学に移り，超伝導現象（「1913年」参照）を理論的に解明する研究をクーパー，シュリーファーとともに進めていた．そして，ノーベル物理学賞を受賞した翌1957年，量子論に基づく理論（3人の頭文字を取って，BCS理論と呼ばれる）を完成するのである．この業績によって，バーディーンは二人の共同研究者とともに1972年，再びストックホルムの晴れ舞台に立つことになる．

1957

C. N. ヤン（楊 振寧）　Yang, Chen Ning
1922-（中国）

T. リー（李 政道）　Lee, Tsung-dao
1926-（中国）

「パリティ非保存の研究」

1950年代の半ば，素粒子物理学の世界では，「シータ・タウの謎」と呼ばれる現象が問題になっていた．当時，一定の確率で2個のパイ中間子（「1949年」，「1950年」参照）に崩壊するシータ粒子と，3個のパイ中間子に崩壊するタウ粒子の存在が知られていた．ところが，崩壊過程こそ異なるものの，シータ粒子とタウ粒子は質量もスピンも平均寿命もすべて同じであった．両者はまるで同一粒子のように見えた．

それならば，シータとタウは同じ粒子であり，崩壊のしかたに2種類あると考えればよいではないかと思いたくなる．ところが，そうすると，物理学の大前提であった「パリティ保存則」が破綻してしまうのである．パリティ保存側とは，左と右に基本的区別はなく，空間は左右対称であるとする考え方であるから，二つの粒子が同一となると，空間は対称性を失うことになる．このような事態は，どうしても避けねばならなかった．

ここでいう空間の左右対称性とは，すべての物理法則は鏡の中の世界でも，そっくりそのまま成り立つという意味である．たとえば，振り子の運動

やボールの落下，地球の自転，あるいは電流の磁気作用などを鏡に映したとする．このとき，鏡の中で見られる現象はすべて，物理法則に何ら抵触することはない．つまり，鏡の存在を知らされなければ，物理法則に照らしても，本物と鏡像（左と右）の区別はつかないことになる．こうした対称性を保証するのが，パリティ保存則である．

ところが，ヤンとリーの二人は1956年，素粒子の崩壊過程（シータ・タウの謎もその一例）においては，左右の対称性が破れる可能性があることを理論的に示した．素粒子の崩壊を引き起こす力である「弱い相互作用」がはたらくとき，パリティは保存しないというのである．そして，ヤンとリーはコバルト60（^{60}Co）のβ崩壊を測定して，彼らの理論を検証する実験を提案した．ここで，β崩壊とは，放射性の原子核が電子（β線）を放出して，別の種類の原子核に崩壊する現象である．

さて，原子核はスピンと呼ばれる物理量をもっている．これは量子論で定義される量であるが，粒子の自転運動に対応させることができる．

このようにスピンを考えたとき，コバルト60の原子核の自転方向に対して，特定の向きに多数の電子が放出されるはずだと，ヤンとリーは予測した．この予測が正しければ，本物と鏡像（左と右）の区別は可能になる．換言すれば，鏡に映るβ崩壊の現象は物理法則に抵触し，現実には起こり得ないことになる．

ヤンとリーの提案に沿って1957年，実験を行ったのが，中国出身のアメリカ人女性物理学者ウー（呉 建雄）である．ウーは強磁場と極低温のもとでコバルト60の自転軸を平行にそろえ，β崩壊によって飛び出してくる電子を測定してみたところ，ヤンとリーの理論が示すとおり，特定方向への偏りが見られたのである．

これによって，弱い相互作用のもとではパリティは保存せず，空間の対称性は破られることが証明された．またそこから，シータ粒子とタウ粒子は同一であることが明らかとなった（これは現在，K中間子と呼ばれている）．

ところで，こうしたウーの業績を考えると，彼女もまたノーベル賞を受けてもおかしくはなかったような気がする．たとえば，チェレンコフ放射の研究では，その効果を観測したチェレンコフと理論的説明を与えたタムとフラ

ンクの3人がノーベル物理学賞を受賞している（「1958年」参照）．しかし，パリティ非保存の研究では理論を担ったヤンとリーだけにノーベル賞が贈られ，実験でそれを検証したウーは外されたのである．

　ヤンとリーの理論の論文が発表されたのは，1956年6月であった．そして，翌年，早くも彼ら二人はノーベル賞の栄に浴している．一方，ウーが実験に成功するのは，1957年1月である．このタイミングが賞の選考に際し，微妙な影響を及ぼしたのではないかと思う．

　ウーの論文が発表されたとき，1957年度の候補者の推薦はすでに締め切られており，その絞り込み作業がはじまっていたのであろう．そうした段階で，パリティ非保存が実験で確証されたという報告は，ヤンとリーへの授賞の追い風となる一方，この時点でウーを3人目の席に座らせることはもはやできなかった．理論がそれまでの物理学の常識を破る大胆なものであっただけに，早い授賞をと判断されたのであろうが，もう1年でも慎重に研究の発展を見守っていれば，ウーも3人目の席を占められたような気がする．そこに人生の明暗がからむドラマがあったのである．

1958

P. A. チェレンコフ　　Cherenkov, Pavel Alekseyevich
1904-1990（ソ連）

I. Y. タム　　Tamm, Igor Yevgenyevich
1895-1971（ソ連）

I. M. フランク　　Frank, Ilija Mikhailovich
1908-1990（ソ連）

「チェレンコフ効果の発見」

　1930年代のはじめ，ラジウムから発生する放射線が液体の中を透過すると，青白い光が出てくることが知られていた．当時，これは蛍光ではないかと考えられていた．

　1934年にこの現象の観測をはじめたチェレンコフは，まず，液体の種類，成分によらず，青白い同じ光が放射されることを突き止めた．また，蒸留を重ね，不純物が含まれていない水においても，つまり蛍光物質がまったく混

入していない水の中でも，放射光が発生することを明らかにした．それは蛍光ではなく，未知の新しい現象であったのである．

　1937年まで実験を続けたチェレンコフは，放射線によって液体中に2次電子がつくり出され，その飛跡に沿って，電子の進行方向前方に円錐状の角度をなす青白い光が放射されることを確かめた．この光をチェレンコフ放射，または放射が生じる現象をチェレンコフ効果という．原子炉で燃料の入ったプールの水が青白く光っているのは，このチェレンコフ放射によるものである．

　さて，1937年，チェレンコフ効果が生じるメカニズムを理論的に解明したのが，タムとフランクである．それは媒質中での光の速度と深くかかわっていた．

　光速 c は速度の上限であるが，それは真空中での話であって，屈折率 n の媒質中では，光の速度は c/n となり小さくなる（n はつねに1より大きい）．たとえば，水の屈折率は約1.34なので，光は水に入ると真空中に比べおよそ25パーセント速度が遅くなる．そうなると，水中（一般には媒質中）では，高速で走る粒子のほうが光よりも速いという逆転現象が起こり得る．

　このアナロジーとしてよく使われるのが，超音速の物体がつくり出す衝撃波である．空気の分子が動く速度よりも速く物体が強引に進もうとすると，物体は空気を圧縮することになり，その圧力変化が波として伝わる．これが衝撃波である．音速を媒質中の光の速度（c/n）に置き換え，粒子がそれを超える速度で走るとき，光の衝撃波が発生する機構をタムとフランクは理論的に解明したのである．

　チェレンコフ効果は今日，粒子の検出器に応用されているが，とりわけ，それを世間に広く知らしめたのは，スーパーカミオカンデにおけるニュートリノの観測である．宇宙から飛来するニュートリノが水中で原子核と衝突すると，原子核から荷電粒子が叩き出される．この粒子は水中を光よりも速く走るので，進行方向前方に円錐状の青白い光が放射される．これを光電子増倍管で検出し，ニュートリノが確認されたのである（「2002年」参照）．

1959

E. G. セグレ　Segrè, Emilio Gino
1905-1989（アメリカ）

O. チェンバレン　Chamberlain, Owen
1920-2006（アメリカ）

「反陽子の発見」

　ディラックの空孔理論（「1933年」参照）が予言する陽電子が，アンダーソンの宇宙線観測の中でとらえられたのは1932年であった（「1936年」参照）．また同じころ，ブラケットが独自の工夫を施した霧箱で，陽電子と電子の対生成を示す飛跡を数多く撮影している（「1948年」参照）．

　こうして陽電子は反粒子の第1号として発見されたが，ディラックのいう真空の中に負エネルギーの状態で詰まっているのは，何も電子だけではない．あらゆる粒子が詰まっている．したがって，何らかの方法でそこに十分なエネルギーが投入されれば，真空に"穴"が開き，粒子と反粒子の対が生成される．つまり，陽子の反粒子である負電荷の反陽子も存在するはずなのである．

　ただし，陽子は電子に比べ質量が2000倍近くあるので，$E=mc^2$ の式に従い，反陽子を発生させるのに必要なエネルギーは陽電子の場合の約2000倍となる．したがって，陽電子のように，宇宙線の観測を通し，偶発的に発生する現象をとらえるというわけにはいかなくなる．そのためには，陽子と反陽子の対をつくり出すに足る高エネルギーの加速器を建設しなければならない．

　それが実現するのは，1955年のことになる．カリフォルニア大学バークレー校のベバトロンが60億eV（電子ボルト）のエネルギーに達したのである．これは探し求める粒子対をつくり出すのに，ぎりぎりのエネルギー値であった．

　そこで早速，セグレとチェンバレンはベバトロンで加速した陽子と陽子を衝突させてみたところ，期待どおり反陽子がディラックの真空から飛び出してきたのである．また，彼らは陽子と反陽子の衝突によって，中性子と反中性子の対生成が起きる可能性を指摘した．1956年，コークらがやはりバー

クレーのベバトロンを使って実験を行い，セグレらの予測どおり，反中性子を検出している．なお，中性子は電荷をもたないが，磁気モーメントの符号が逆の粒子が反中性子である．

こうして原子核の構成要素である陽子と中性子の反粒子が出そろったわけであるから，それらを結合させれば，反原子核ができあがる．さらに，そのまわりを陽電子がまわれば，反原子が合成されることになる．

構造が一番簡単な反原子は，反陽子と陽電子が1個ずつ組み合わさった反水素である．1995年，CERN（欧州合同原子核研究機構）は加速器で発生させた反陽子をキセノン原子にぶつけ，核反応によって飛び出してきた陽電子を反陽子につかまえさせる方法で，9個の反水素原子の合成に成功している．反水素は発生からわずか1億分の4秒後，ふつうの原子と接触し，消滅したが，このとき一瞬にせよ，人類ははじめて自然界にも存在しない反原子を人工的につくり出したのである．

CERNにおける反原子合成の実験はこの成功をきっかけに発展を遂げ，2011年には，6000個の反水素を約16分間，閉じ込められる段階まできている．

粒子と反粒子は電荷の符号（中性子の場合は，磁気モーメントの符号）が反対なだけで，それ以外の物理的性質はまったく同じと考えられている．この前提に立てば，たとえば反水素の出す光のスペクトルは水素のそれと区別がつかないはずである．それを検証するためには，分光測定が可能となるだけの量の反水素を合成し，それを一定時間，閉じ込めておく必要がある．セグレとチェンバレンが半世紀前，加速器の中でつくり出した反陽子はいま，こうした自然界の対称性を探る実験に使われようとしている．

1960

D. A. グレーザー　Glaser, Donald Arthur
1926-2013（アメリカ）
「泡箱の発明」

1930年代から，原子核や宇宙線の観測に多用されたのは，ウィルソンが発明した霧箱であった（「1927年」参照）．過飽和水蒸気の中に飛び込んだ

荷電粒子がその飛跡に沿って霧をつくり出す原理を利用して，粒子を検出する装置である．当時，対象としていた粒子のエネルギーはおもに数 MeV（10^6 電子ボルト）の領域であり，この範囲に収まる粒子が霧箱に残す飛跡の長さは数十センチメートル程度と箱のサイズに照らして，ちょうどよかったのである．

ところが，1950 年代に入るころから，加速器の高エネルギー化が進むと，観測する粒子のエネルギーは GeV（10^9 電子ボルト）領域に入ってきた．こうなると，霧箱を用いていたのでは，粒子の飛程が長くなりすぎ，とてもその中に収まりきらなくなる．したがって，加速器の巨大化に合わせ，検出器のほうもそれに適した装置に改良する必要が生じてきた．この要請に応えたのが，1952 年にグレーザーが発明した泡箱である．

霧箱は気体を詰めてあるので，物質密度が小さい．そこで，グレーザーは気体の代わりに液体を利用することを考えた．こうすると箱の中の物質密度はおよそ 1000 倍に増える．

グレーザーは箱に封入した液体を沸点に近い温度と適当な圧力のもとに置き，急激にピストンを動かすなどして減圧してみた．こうすると液体は沸騰しやすい状態になる．ここに荷電粒子が飛び込むと，粒子に衝突された液体分子はエネルギーをもらって加熱され，そこに泡が発生する．それが粒子の飛跡を描き出すのである．グレーザーははじめ，エチルエーテルを用いたが，その後さまざまな液体を試し，最終的には水素とキセノンを利用するようになった．

こうした泡箱の原理は，炭酸飲料が入ったびんの栓を抜くと，びんの圧力が下がり，泡が発生する現象を連想させる．実際，グレーザーは泡箱の開発に取りかかる前に，液体を用いるアイデアが正しいか否かをチェックするため，研究室でビール，ジンジャーエール，炭酸水などのびんを破裂するぎりぎりまで加熱してから栓を抜き，泡の立ち方を調べてみたとノーベル賞受賞講演で語っている．霧箱にしても泡箱にしても，誰もが身近に目にする現象がヒントとなって生まれたのである．

泡箱はその後，アルヴァレズ（「1968 年」参照）によって改良が加えられ，高エネルギー化を遂げる加速器の検出装置として重要な役割を果たすこ

とになる．

1961

R. ホフスタッター　Hofstadter, Robert
1915-1990（アメリカ）
「原子核の電子散乱の研究と核子の構造に関する発見」

R. L. メスバウアー　Mössbauer, Rudolf Ludwig
1929-2011（ドイツ）
「γ線の共鳴吸収の研究とメスバウアー効果の発見」

　1911年，α線の散乱実験データに基づいて，原子の構造を明らかにし，原子核の存在を突き止めたのは，ラザフォードである．原子のサイズを最も外側の電子が描く軌道の広がりとすると，原子核はその10万分の1から1万分の1程度しかない小ささであった．

　さて，ラザフォードの研究から半世紀あまりの1953年，今度は電子の散乱実験によって，原子核の内部構造を垣間見ようとしたのが，ホフスタッターである．ホフスタッターはスタンフォード大学の線形加速器で数億eV（電子ボルト）程度の高エネルギーに加速した電子を，原子核にぶつけてみた．その勢いのまま原子核内に侵入した電子は，原子核の内部で電気的，磁気的作用を受けて散乱され，原子核の外へ出てくる．そこで，散乱された電子のエネルギー分布と角度分布を測定すれば，原子核の中で電荷や磁気モーメントがどのように分布しているのか推定できることになる．

　このように，ホフスタッターが用いた実験原理は，ラザフォード散乱と同じであり，照射した粒子が散乱を受けることによってもたらす情報を解析して，観測対象の内部構造を知ろうというわけである．ただ，異なるのは，標的のサイズがラザフォードの場合に比べ，およそ10万分の1に小さくなってしまった分，照射する粒子に必要なエネルギーが桁違いに増加したことである．

　ノーベル賞の授賞対象となったホフスタッターの電子散乱実験は1958年まで続けられ，さまざまな原子核について電荷の密度分布が近似的に求められた．その結果，水素やヘリウムなどの軽元素を除くと，原子核の中心部で

は電荷密度が一定で，外層部で急激に減少していくことが示された．1950年代に，10^{-15}メートルという極微の原子核の中の様子をここまで詳しくとらえることができたホフスタッターの実験技術には，あらためて感動させられる．

そして，素粒子物理学はその後，原子核を構成する陽子や中性子の内部へとさらに突き進んでいくのである．

さて，1961年，ホフスタッターとノーベル物理学賞を分け合ったのが，自分の名前が冠せられることになった効果を発見したメスバウアーである．

大砲から砲弾を発射すると運動量保存則に従い，砲身は反跳を受け，後ろに下がる．同じように，自由な原子核がγ線を放射すると原子核は反跳を受ける．その結果，γ線のエネルギー（振動数）は原子核が反跳した分減少してしまう．

ところで，γ線の放射は原子核の離散的なエネルギー準位間の遷移によって起こる．ところが，原子核の反跳によりエネルギーが減少してしまったγ線を同種の原子核に当てても，すでにエネルギーがずれているため，共鳴吸収が起こらない．

1958年，メスバウアーは自由な原子核ではなく，結晶を構成している原子核に注目した．この場合，原子核は結晶内に固く束縛されているので，γ線を放射しても，その反跳は1個の原子核が受けるのではなく，結晶全体で受けることになる．1個の原子核の質量に対し結晶全体の質量は事実上，無限大と考えてよいので，反跳は起こらないことになる．つまり，放射されたγ線はエネルギーを失わないですむわけである．これを無反跳放射という．

γ線が放射される前の原子核のエネルギー準位の寿命と，遷移が起きる準位間のエネルギー差との間には，不確定性原理（「1932年」参照）が成り立つ．したがって，γ線のエネルギーには不確定性原理の制約による一定のあいまいさが生じるが，この値はγ線のエネルギーに比べ，無視できるほど小さい．その結果，γ線はきわめて鋭い線スペクトルを示す．したがって，このγ線を同種の原子核に照射すれば，共鳴吸収が起きる．この現象をメスバウアー効果という．

ところで，γ線の放射源あるいは吸収体を動かすと，その速度に応じた

ドップラー効果により，共鳴吸収に変化が生じる．この変化を測定することにより，原子核のエネルギー準位や励起準位の寿命，磁気モーメントなどを高い精度で求めることが可能になる．

　また，メスバウアー効果は重力場による光（γ線）の赤方偏移の測定にも用いられる．一般相対性理論の検証はかつて，太陽の重力場による光の屈曲や水星の近日点移動などを通して行われていた．最近では，銀河による重力レンズ効果が観測されている．これらはいずれも，宇宙を舞台に天体の強い重力場が引き起こす現象であった．一方，メスバウアー効果は実験室で一般相対性理論の効果をとらえることを可能としたわけであるから，これもまたすごい話である．

1962　L. D. ランダウ　Landau, Lev Davidovich
1908-1968（ソ連）
「液体ヘリウムの理論」

　1937年，カピッツァは2.2 K以下の極低温領域まで温度を下げると，液体ヘリウムは超流動と呼ばれる不思議な現象を示すことを発見した（「1978年」参照）．液体ヘリウムは粘性がなくなり，圧力をかけなくても毛細管を通り抜けてしまうのである．また，それを容器に入れておくと，まるで生きているかのように容器の内壁を伝わってよじ登り，外へ流れ出るといった驚きの行動が見られた（なお，こうした超流動性を示すのは，ヘリウム4である．ヘリウムにはごく微量（存在比0.0001％），質量数3の同位体が存在するが，こちらも0.002 K以下の温度で超流動状態になることが，1970年代に入ってから，リーたちによって発見されている（「1996年」参照））．1941年，ヘリウム4の超流動現象を量子論に基づいて説明する理論を発表したのが，ランダウである．

　当時，液体ヘリウムの奇妙な振る舞いは個々の原子の運動に起因するのであろうと考えられていた．しかし，ランダウはこの立場を取らず，まったく別の斬新な視点で超流動をとらえた．彼は液体ヘリウムの流体運動は量子化（エネルギー状態の離散化）されていると仮定し，そこに「ロトン」と名づ

けた準粒子を導入した.

　準粒子というのは一般に, ある運動を量子化したとき, それに対応して現れる仮想粒子である. たとえば, 結晶を構成する原子は平衡位置を中心に小さく振動し, それが音波として結晶の中を伝わるが, その波を量子化した準粒子をフォノンと呼ぶ. このように個々の粒子でなく, マクロな物質（液体や結晶など）を量子論的に記述するとき, この準粒子という概念を導入することが多いが, ランダウのロトンはその先駆的なものであった.

　そして, ランダウは液体ヘリウムをロトンからなる"気体"（準粒子の集合体）と見なし, これによって超流動現象を説明したのである. 1950年代に入ってから行われた中性子の非弾性散乱実験により, ロトンの存在は確認され, そのエネルギーと運動量の関係はランダウの理論と一致することが示された.

　また, ランダウは磁場の中を運動する電子の量子状態を研究し, その特徴を表すランダウ準位, ランダウ反磁性という概念を提唱している. このほかにも, 強磁性体の磁区構造と磁気共鳴, プラズマ振動など凝縮系（液体や固体）の研究に数多くの業績を残している.

　ところで, ランダウは1962年1月7日, モスクワ郊外で交通事故にあい, 瀕死の重傷を負った. かろうじて一命は取りとめたものの, その年の12月10日行われたノーベル賞受賞式への出席はかなわなかった. 授賞の挨拶を行ったスウェーデン王立科学アカデミーのヴァルレルは, ランダウが出席できなかった経緯について触れ, 1日も早い回復を祈ると語っている.

　しかし, ランダウは研究を再開することはおろか, ベッドから離れることもかなわぬまま, ノーベル賞受賞から6年後, 60歳で亡くなった.

1963

E. P. ウィグナー　Wigner, Eugene Paul
1902-1995（アメリカ）
「原子核と素粒子の対称性の研究」

M. ゲッペルト=メイヤー　Goeppert-Mayer, Maria
1906-1972（アメリカ）

J. H. D. イェンゼン　Jensen, Johannes Hans Daniel
1907-1973（ドイツ）
「原子核の殻構造の研究」

1932年，チャドウィックにより中性子が発見されると（「1935年」参照），原子核内で陽子や中性子を結合させる核力の作用が重要な問題となってきた．1934年，これを中間子の導入によって解明したのが，湯川秀樹である（「1949年」参照）．このとき，湯川が注目した点の一つが，核力が届くのは非常に短い距離（10^{-15} メートル程度）に限られるという特徴である．核子（陽子，中性子）間の距離がこの範囲内であれば，核力は電磁気力の100万倍も強いが，それを超えると，急激に弱くなり，核子同士を結合させておくことはできなくなる．

核力のこうした特徴を，質量数に対する結合エネルギーの変化傾向を示す実験結果に基づき，1933年，はじめて指摘したのが，ウィグナーである（湯川はノーベル賞受賞講演の冒頭で，ウィグナーの功績に触れている）．

1956年，ヤンとリーがパリティ非保存の理論を発表，翌年，ウーが行った実験により，それが証明される（「1957年」参照）．このときも，ウィグナーの先駆的な研究が重要な役割を果たしている．1927年，ウィグナーは原子のエネルギー準位間の遷移によって光子が放射される現象について知られていた経験則を，電磁気力の作用において空間の左右対称性は保たれる（パリティ保存則）と仮定して説明している．これによって，パリティ保存則は物理学の基本概念であるという認識が深まるのである．ところが，素粒子の崩壊を引き起こす弱い相互作用においては，そうはならないことが，ヤンとリーによって示された．ヤンはやはりノーベル賞受賞講演において，自分たちの発見には，ウィグナーの研究の貢献が大きかったと語っている．

さらに 1930 年代に入ると，ウィグナーは群論という数学を用いて，原子核の諸性質が一般的に対称性から導かれることを示したのである．ノーベル賞の受賞は，ウィグナーの長年に及ぶこうした理論研究が総合的に評価された結果であった．

　さて，この年，ウィグナーとノーベル物理学賞を分け合ったのは，1949 年，独立に原子核の殻構造の理論を構築したゲッペルト＝メイヤーとイェンゼンの二人である．

　当時，陽子あるいは中性子の数が 2, 8, 20, 28, 50, 82, 126 のとき，原子核は安定して存在することが知られていた．この数を「魔法数」(マジックナンバー) と呼ぶ．

　ところで，原子は原子核のまわりに電子が定められた軌道に配置される殻構造をなすが，原子核内の陽子や中性子もこれに対応する構造を取ると考えるのが，原子核の殻模型である．ゲッペルト＝メイヤーとイェンゼンはこの模型を使って，陽子や中性子が核の中心のまわりを回転するとき，その軌道のエネルギーはスピン－軌道相互作用に大きく影響されると考えた．

　陽子も中性子も小さな磁石と見なせるので (これを特徴づける量がスピン)，原子核の中を回転すると原子核の電場とスピンの間で相互作用が生じるわけである．その結果，スピンの状態によって原子核のエネルギー準位が異なってくる．こうした作用を取り入れると，魔法数の場合，閉じた殻を形成し，安定することが証明されたのである．彼らの研究は，原子核の構造と性質の解明に大きな貢献を果たした．

　なお，ゲッペルト＝メイヤーは 1903 年に受賞したマリー・キュリーに続く，二人目の女性ノーベル物理学賞受賞者となった．60 年ぶりのことである．それから半世紀が経つが，3 人目の女性受賞者はまだ誕生していない．

1964

C. H. タウンズ Townes, Charles Hard
1915- (アメリカ)

N. G. バソフ Basov, Nicolay Gennadiyevich
1922-2001 (ソ連)

A. M. プロホロフ Prokhorov, Aleksandr Mikhailovich
1916-2002 (ソ連)

「メーザーとレーザーの発明」

　この年は，メーザーとレーザーを発明したタウンズおよび彼とは独立に開発を進めたバソフとプロホロフ（この二人は共同研究者）の3人に，ノーベル物理学賞が贈られた．

　メーザーは「誘導放射によるマイクロ波増幅」装置のことであり，それを意味する"Microwave Amplification by Stimulated Emission of Radiation"の頭文字をとった略語である．マイクロ波を光（Light）に置き換えたものが，レーザーになる．

　メーザーとレーザーの原理となった誘導放射の理論は1916年，アインシュタインによって発表されていた．原子，分子のとり得るエネルギー準位は離散的であるため，電子が上の準位から下に落ちると，そのエネルギー差に対応する振動数の電磁波が放射される．そこで，励起状態にある原子，分子に，この振動数の電磁波を当てると，その刺激によって低い準位への遷移が誘導され，入射波と同じ振動数の電磁波が放射される．つまり，共鳴が起こり，入射波が増幅されるというのが，アインシュタインの理論である．

　この際，重要な点は，励起状態にある"熱い"原子，分子を効率よくつくり出し，高いエネルギー状態にある原子，分子の数が低い状態のそれよりも多く（これを反転分布という）しておく必要がある．1954年，タウンズはアンモニア分子に電場を作用させ，高いエネルギー準位にある分子をより分けて，誘導放射を起こす共振器の中に集める方法を確立し，メーザー発振に成功している．また，バソフとプロホロフも同じ年，三準位法と呼ばれる独自の方法で実験に成功している．

　マイクロ波に比べて振動数がおよそ10万倍になる可視光をメーザーと同

じ原理に基づいて増幅するレーザーの理論的な可能性も，1958年，タウンズおよびバソフとプロホロフによって独立に示された．

ただし，1960年，実際に装置を組み立て，はじめてレーザー発振に成功したのは，メイマンである．メイマンは棒状のルビーにフラッシュランプの光を当てて，反転分布状態をつくり出した．このとき，メイマンはルビーの棒の片面には光が全反射される鏡を，もう一方の面には半透明の鏡を取りつけた．こうしておくと，ルビーの中で自然放射によって生じた光が励起状態

レーザー関連のノーベル物理学賞

1964年	C. H. タウンズ N. G. バソフ A. M. プロホロフ	メーザーとレーザーの発明
1966年	A. カストレル	原子内の電波共鳴の光学的方法の発見と開発
1971年	D. ガボール	ホログラフィーの発明
1981年	N. ブルームバーゲン A. L. ショーロー	レーザー分光学の研究
1989年	N. F. ラムゼー	ラムゼー共鳴法の開発およびその水素メーザーや原子時計の応用
	H. G. デーメルト W. パウル	イオントラップ法の開発
1997年	S. チュー C. コーエン=タヌジ W. D. フィリップス	レーザーによる原子の冷却・捕捉技術の開発
2001年	E. A. コーネル W. ケターレ C. E. ウィーマン	アルカリ気体のボース-アインシュタイン凝縮の成功とその基本的性質の研究
2005年	R. J. グラウバー	レーザー光の量子理論の構築
	J. L. ホール T. W. ヘンシュ	レーザー光による精密分光技術の開発
2012年	D. J. ワインランド S. アロシュ	量子システムの計測と操作を可能にした実験手法の開発

にある原子に衝突し、同じ波長の光を増幅させる現象が起こる。ルビーは反転分布状態にあるので、誘導放射された光はルビーの棒の両面に取りつけられた鏡により反射を何回もくり返しながら増幅され、片面にある半透明の鏡を通って出力されていくというしくみであった。

　レーザー光は単色性にすぐれ、位相がそろっているので強度が高い。また、指向性も強いので、拡散せずに遠くまで届くという利点があることから、広い分野で応用されるようになった。こうした特徴を反映し、その後、レーザー関連の業績から、多くのノーベル物理学賞が生まれている（91ページの表参照）。

1965

朝永 振一郎　Tomonaga, Sin-itiro
1906-1979（日本）

J. シュウィンガー　Schwinger, Julian
1918-1994（アメリカ）

R. P. ファインマン　Feynman, Richard Phillips
1918-1988（アメリカ）

「量子電磁力学の基礎的研究」

　この年は、ラム・シフトや異常磁気モーメント（「1955年」参照）を理論的に説明する量子電磁力学の基礎をそれぞれ独自の方法で築いた朝永、シュウィンガー、ファインマンの3人に、ノーベル物理学賞が贈られた。量子電磁力学とは荷電粒子と電磁場の相互作用を相対性理論を考慮しながら、量子論に基づいて扱う理論である。

　場の量子論に従うと、電磁気力の作用は荷電粒子の間で行われる光子のやり取りで表現される。こうした描像に基づき、湯川は中間子を媒介にして核力の伝達を記述したわけである（「1949年」参照）。

　ところで、電磁気力は荷電粒子同士の間だけでなく、電子が1個しかなくてもはたらく。それは、電子が放出した光子が再びその電子に吸収されるという過程が起きるからである（キャッチボールではなく、お手玉を連想すればよいかもしれない）。電子が自分でつくった電磁場とこのような相互作用

をすることから，この過程を自己相互作用あるいは場の反作用という．

ただし，1個の電子が光子を放出，吸収するのは，不確定性原理（「1932年」参照）のもとで許される仮想過程である．たとえてみれば，絶えず生成，消滅をくり返す光子が雲のように電子にまとわりついていることになる．そして，こうした仮想光子はさまざまなエネルギーをもち，それらによってつくられる場が電子に影響を及ぼすわけである．

ところが，その影響を取り入れて計算を行うと，電子の質量が無限大に発散してしまうという，おかしな結果が出てきてしまう．

似たような発散の不思議は，真空の分極に関する計算でも現れていた．ディラックの理論によれば，真空には負エネルギーの電子が充満している（「1933年」参照）．ここから観測にかかる電子を取り出すには，γ線を当て，そのエネルギーで電子と陽電子を対生成させねばならない．しかし，たとえエネルギーを投入しなくても，不確定性原理の範囲内で可能な仮想過程の中で，電子と陽電子は対生成，対消滅をくり返している．したがって，そこに別の電子を置くと，真空に分極が生じる．分極の影響により，電子の正味の電荷は裸の電子の値からずれるが，このずれを計算すると，やはり無限大に発散してしまうことが知られていた．

1948年，くりこみ理論と呼ばれる近似計算法を導入してこうした発散を回避するのに成功したのが，朝永である．朝永は計算値では無限大になってしまう電子の質量と電荷をひとまず，有限の実験値で置き換えた（この手続きを「くりこみ」という）．そして，自らが1943年に提唱した超多時間理論を用いて計算を進めると，くりこみにより，自己相互作用に起因していた発散が回避され，有限の値に収まることが示されたのである．

ここで，超多時間理論とは相対性理論の要請を満たす場の量子論である．仮想粒子の生成，消滅は空間のあちこちで起きるが，相対性理論に従うと，異なる地点では座標系によって時間が異なってしまう．そこで，朝永は各地点ごとにそれぞれ時間を設定した理論を構築したのである．

こうして新しい定式化がなされた量子電磁力学を用いて計算を行うと，ラム・シフトや異常磁気モーメントの実験値ときわめて高い精度で一致が見られた．

また，シュウィンガーとファインマンも，アプローチのしかたは朝永とは異なっていたが，独自の量子電磁力学の理論形式を展開し，それが実験結果をよく説明し得ることを示したのである．

1966

A. カストレル　Kastler, Alfred
1902-1984（フランス）
「原子内の電波共鳴の光学的方法の発見と開発」

フランス人でノーベル物理学賞をはじめて受賞したのは，1903年のベクレルとキュリー夫妻の3人である．以降，リップマン（1908年），ギョーム（1920年），ペラン（1926年）そしてドゥ・ブローイ（1929年）と続いている．しかし，それからは長い空白期間があり，1966年，「光ポンピング」の発明でカストレルが受賞するのは，やや意外なことに，フランスにとってじつに37年ぶりのことであった．

光ポンピングとは，原子のエネルギー準位を光（電磁波）の吸収によって，下から上の励起状態に遷移させることである．ポンプで水を汲み上げる作業を連想させることから，この名称がつけられている．光ポンピングは原子のエネルギーを反転状態にする有力な手法となることから，レーザー（「1964年」参照）へ応用されるようになる．

さて，その具体的な方法は，電波を用いた共鳴吸収の利用である．電波は可視光に比べ振動数が小さく，その分エネルギーが低いので，可視光を用いた分光学的測定では得られない，原子の微細な構造を高い精度で調べることに適している．1950年，カストレルは偏光した電波による共鳴吸収を起こさせ，それによって，スピン（電子の自転によって生じる磁気的な量子数）の影響による，わずかなエネルギー準位の分裂を，光ポンピングによって測定するのに成功したのである．

その後，光ポンピングはレーザーだけでなく，原子時計や磁力計，核磁気共鳴（NMR）など広い分野で応用されるようになる．

1967

H. A. ベーテ Bethe, Hans Albrecht
1906-2005（アメリカ）
「核反応による星のエネルギー生成過程の発見」

　この年，はじめて，ノーベル物理学賞から天文学にかかわる研究での受賞者が誕生した．星のエネルギー生成を核反応によって説明したベーテである．その授賞式で挨拶を行ったスウェーデン王立科学アカデミーのクラインは，ベーテの業績について，次のような紹介をしている．

　この地球上で生物が進化し，人類が誕生するまでの長い期間，太陽が尽きることなく，エネルギーを放出してきたのはなぜか，20世紀に入るまで，それは大きな謎であった．というのも，当時知られていた，化学反応（燃焼）や力学的エネルギー（重力）では，太陽の莫大で長時間に及ぶエネルギー生産量はとても説明がつかなかったからである．こうした状況にあった1938年，化学反応に比べ100万倍も大きいエネルギーを生み出す核融合によって，恒星が輝き続ける現象を解明したのが，ベーテであった．

　ベーテは炭素を触媒にした核融合サイクルを発見し，その過程で，陽子同士の反応から重水素の原子核が形成され，さらに重水素同士が融合して，ヘリウムの原子核がつくられることを明らかにしたのである．

　軽い原子核（重水素）が融合した結果，重い原子核（ヘリウム）がつくられると，反応前後の質量差が $E=mc^2$ に従って，エネルギーとして放出される．これが太陽をはじめとする恒星の輝きの源であった．ベーテはこのとき見られるエネルギー生成率の温度依存性を計算，それが20世紀後半に入ってから発展した恒星構造の研究によって確かめられ，ノーベル賞を受賞したのである．

　ベーテへの授賞をきっかけに，天文学もノーベル物理学賞の対象に組み込まれるようになり，その後，この分野で多くの受賞者を生み出すこととなった（96ページの表参照）．こうした傾向は，星の構造や進化，宇宙論の研究が素粒子物理学と深くかかわってきた様子を表している．

天文学関連分野のノーベル物理学賞

年	受賞者	業績
1967 年	H. A. ベーテ	核反応による星のエネルギー生成過程の発見
1970 年	H. O. G. アルヴェーン	電磁流体力学の研究とそのプラズマ物理への応用
1974 年	M. ライル	電波天文学の研究，とくに開口合成の技術の発見
1974 年	A. ヒューウィッシュ	電波天文学の研究，とくにパルサーの発見
1978 年	A. A. ペンジャス R. W. ウィルソン	宇宙背景放射の発見
1983 年	S. チャンドラセカール	星の進化と構造に関する物理的過程の研究
1983 年	W. A. ファウラー	宇宙の化学物質生成過程における核反応の研究
1993 年	R. A. ハルス J. H. テイラー	重力研究に新しい可能性を開いた新型パルサーの発見
2002 年	R. デイヴィス 小柴 昌俊	天体物理学，とくに宇宙ニュートリノの検出に関する先駆的な寄与
2002 年	R. ジャコーニ	宇宙X線源の発見に導いた天体物理学への先駆的な貢献
2006 年	J. C. マザー G. F. スムート	宇宙背景放射の黒体放射スペクトルと異方性の発見
2011 年	S. パールマター B. P. シュミット A. G. リース	遠距離の超新星観測を通じた宇宙の膨張加速の発見

1968

L. W. アルヴァレズ　Alvarez, Luis Walter
1911-1988（アメリカ）

「素粒子物理学への貢献，とくに水素泡箱による共鳴状態の発見」

素粒子の検出器（飛跡の記録装置）として開発されたウィルソン霧箱は

1930年代に入ると，宇宙線の観測や原子核の実験に多用されるようになる（「1927年」参照）．しかし，時代とともに対象とする粒子のエネルギーが高くなると，気体（水蒸気）を詰めた霧箱では観測が追いつかなくなってきた．粒子の飛跡をすべてとらえようとすると，野球場ほどもある巨大な霧箱を用意しなければならなくなってきたからである．これはとても現実的な話ではない．

そこで開発されたのが，グレーザーの泡箱である（「1960年」参照）．グレーザーは気体より密度の高い液体を用いれば，高エネルギー粒子の運動に効率よくブレーキをかけ，長い道筋を走らせなくても，その飛跡を完全に記録できると考えたのである．沸騰寸前まで温度を上げた液体の圧力を急激に下げると，何かの刺激によって液体から泡が発生する．したがって，そうした状態に保った液体に荷電粒子が飛び込むと，飛跡が泡で可視化されるわけである．1950年代に入ると，加速器のますます進む高エネルギー化と相まって，泡箱は素粒子実験の検出器として活躍するようになる．

その後，泡箱にさらなる改良を加え，粒子の共鳴状態を発見したのが，アルヴァレズである．アルヴァレズは1960年代のはじめ，極低温に保った液体水素を容器に詰めた大型の検出装置（水素泡箱）を考案し，寿命が100億分の数秒足らずしかない粒子の解析を可能にした．そして，これによって発見されたのが，共鳴状態である．

加速器の中で高エネルギー粒子同士が衝突すると，そこからさまざまな生成粒子が砕け散る．ところが，たとえばパイ中間子を陽子にぶつけると，パイ中間子の加速エネルギーが特定のある範囲内にある場合，パイ中間子と陽子が先ほど述べた程度のきわめて時間内ではあるが，複合粒子を形成したかのごとく振る舞うのである．衝突によって生じたエネルギー値が一瞬，二つの粒子を結びつけるのに適していたわけである．このようにして形成された複合粒子を共鳴状態と呼ぶ．しかし，共鳴状態はすぐに再び，パイ中間子と陽子に分裂していく．

アルヴァレズは改良した泡箱で，こうした新しい反応を発見し，その研究がノーベル賞受賞へとつながったのである．

ところで，アルヴァレズは本業以外の分野でも，多彩な才能を発揮してい

る．亡くなる前年の 1987 年には，エンリコ・フェルミ賞を贈られているが，その受賞理由には物理学だけでなく，天文学，考古学，古生物学における幅広い業績が挙げられている．

同賞で顕彰された考古学の業績とは，エジプトの「三大ピラミッド」と呼ばれるファラオ（古代エジプトの王）の墳墓を，1966 年，放電箱（気体中で放電を起こさせ，荷電粒子の飛跡を記録する装置）で宇宙線を観測する技術を駆使し，X 線撮影のような透視を行ったことである．これによって，ピラミッドの内部構造に探りを入れたわけである．

そして，古生物学の領域においては，今日，すっかり有名になった恐竜絶滅の原因に関する仮説を，1980 年に発表している．そのきっかけは，1970 年代半ば，アルヴァレズの息子で地質学者のウォルター・アルヴァレズが北イタリアで，6500 万年前の厚さが 1 センチメートルほどの粘土層を発見したことであった．この層はちょうど恐竜が絶滅したときの地質年代と一致しており，そこから，イリジウムが異常に高い濃度で検出された．イリジウムは隕石に豊富に含まれるが，地上にはごく微量にしか存在しない元素である．

そこで，小天体が地球に衝突，それによる巨大地震，津波，巻き上がった粉塵による急激な気候変動により，恐竜をはじめとする多くの生物種が滅んだとアルヴァレズは考えたのである．この問題については従来から，諸説が唱えられていたが，その中でアルヴァレズは，イリジウムの異常濃度という確かな物理的証拠をはじめて提示している．

素粒子の衝突実験で共鳴状態という新しい現象を発見したノーベル賞物理学者は，今度は，小天体の衝突という現象で古生物学最大の謎の解明に挑んだのである．

1969

M. ゲル＝マン　　Gell-Mann, Murray
1929-（アメリカ）

「素粒子の分類および相互作用に関する発見」

素粒子（elementary particle）という言葉は本来，物質を構成する究極の

基本単位を指している，万物のもとになる粒子の意味である．1930年代に目を向けると，当時，その実在が確認されていた素粒子といえば，電子，陽子，中性子の三つだけであった．陽子と中性子が原子核を構成し，そのまわりを電子がまわると原子がつくられる．そして，原子が集まれば多様な物質となるわけである．こうした物質の階層構造を考えたとき，わずか三つの粒子ですべてが説明できるとすれば，それらはたしかに素粒子の名前と概念に合致するものといえる．

ところが，加速器の巨大化が進む中，新粒子の発見が相つぎ，1960年代に入るころになると，その数はもはや，本来の意味の素粒子とは呼べないほど膨れ上がってしまった．膨れ上がった素粒子を大別すると，強い相互作用（核力の作用）をするハドロン（陽子，中性子，中間子など）と強い相互作用をしないレプトン（電子とニュートリノ）に分類される（なお，いずれの粒子にもそれぞれに対応する反粒子が存在する）．

このうち，レプトンはそれ以下の階層構造をもたない，つまりそれ以上は分割できない，真の意味の素粒子と考えられた（いまでも，そう見なされている）．これに対し，ハドロンは有限な広がりと内部構造をもち，より基本的な構成要素からなるという認識が，実験結果（たとえば「1961年」参照）から深まっていた．

そうした状況の中，1964年，ゲル＝マンは強い相互作用をする粒子の特定の量子数に注目し，ハドロンはすべて，3種類の基本粒子からつくられているとする理論を発表した．そして，ゲル＝マンはこの基本粒子を「クォーク」と呼んだ．それによると，陽子と中性子は3個のクォークから，中間子は2個のクォークから構成されていることになる．

また，ゲル＝マンの理論の大きな特徴は，クォークが分数電荷（素電荷の3分の1あるいは3分の2）をもつことにある．つまり，素電荷も分割されてしまったのである．

こうしたクォーク模型の検証は1967年，フリードマン，ケンドール，テイラーによって行われた．彼らはスタンフォード線形加速器センター（SLAC）で高エネルギー電子を陽子と重陽子に撃ち込み，その散乱データから，陽子，中性子の内部にクォークが潜んでいることを確かめたのである

(「1990 年」参照).

　なお，当初，ゲル=マンによって提唱されたクォークは3種類であったが，1974 年に4番目のクォークが（「1976 年」参照），さらに 1977 年に5番目，そして 1993 年に6番目の存在が確認されている．現在はクォークもレプトンもそれぞれ6種類ずつ対称性をなして存在し，現段階では，これら 12 種類が物質を構成する究極の単位，つまり真の意味の素粒子ではないかと考えられている．ただし，これまでの実験では，クォークは大きさも内部構造も有しないとする説に抵触するデータは示されていないが，いつの時代にも人間の知識，認識には限界がある．クォークよりさらに下の階層構造が存在するか否かの解明は，21 世紀物理学の発展にかかっている．

　ところで，電荷と異なり磁極は N または S 極が単極で現れることはない．これと似た現象がクォークにも当てはまる．高エネルギーの衝突実験をくり返しても，裸のクォークを単独で取り出せるのではなく，衝突によって発生する粒子の解析を通し，理論との整合性から，クォークの存在を検証しているのである．つまりは間接証拠ということになる．その意味で，クォークは実在性の認識のあり方についても，物理学に変革をもたらしたといえそうである．

1970

H. O. G. アルヴェーン　Alfvén, Hannes Olof Gösta
1908-1995（スウェーデン）
「電磁流体力学の研究とそのプラズマ物理への応用」
L. E. F. ネール　Néel, Louis Eugène Félix
1904-2000（フランス）
「反強磁性と強磁性の研究」

　この年のノーベル物理学賞では，天体物理学と固体物理学というまったく異なる分野から二人の受賞者が生まれている．ただし，分野は違っても，二人の業績に共通に見られるキーワードが一つあることに気がつく．それは磁気である．おそらく，ノーベル賞の選考委員会はここに注目して，異分野ではありながら，アルヴェーンとネールの同時授賞を決めたのであろう．

ではまず，アルヴェーンの研究から見てみよう．受賞理由にある電磁流体力学とは，プラズマ（電離した粒子からなる気体）が磁場の中で流体となって行う運動を扱う学問である．磁場の中では荷電粒子はその符号に対応した方向に電流を生み出す．すると，発生した電流が磁場と相互作用を起こし，今度はそれがプラズマに力を及ぼすことになる．1942年，アルヴェーンはプラズマのこうした動力学的振る舞いを解析し，電気伝導性流体の中を磁力線に沿って横波が伝わることを示した．この電磁流体波をアルヴェーン波という．これに基づいて，アルヴェーンは太陽黒点の理論を提唱している．

さて，太陽からはプラズマの流れである太陽風が吹いてくるが，これが地球磁場の影響を受け，オーロラや磁気嵐を発生させる．アルヴェーンは宇宙プラズマという概念を提唱し，こうした現象の解明も押し進めた．

また，従来は重力の作用だけを考えて論じられていた太陽系の形成過程においても，電磁流体力学の影響が大きいことを明らかにしている．

このように電磁流体力学の基礎を築き，それを天体物理学のさまざまな問題やオーロラなどの研究に応用し，物理学に新しい領域を開いた業績が，アルヴェーンのノーベル賞につながったのである．

一方，ネールは物質の磁性に関する研究での受賞となった．1930年代のはじめ，物質には反磁性（磁場を作用させると反対方向に磁化される性質），常磁性（磁場を作用させるとその方向に弱く磁化するが，磁場を取り除くと磁化が消失する性質）そして強磁性（弱い磁場のもとでも強い磁化率を示す性質．鉄，ニッケル，コバルトなどがそれに該当する）の三つの磁性が知られていた．

原子は電子のスピン（自転に対応するミクロな物理量）の状態で決まる小さな磁石と見なせる．そして，上記三つの磁性の違いは，量子論で記述されるスピン同士の相互作用のしかたに依存している．たとえば，強磁性を示す物質（これを強磁性体という）では，隣同士の電子スピン（原子という小磁石の磁気モーメント）が相互作用によって平行に整列し，自発磁化を形成するため，磁化率が高くなるわけである．

1932年，ネールはこれらに加え第4の磁性となる「反強磁性」を発見した．反強磁性体では隣接する原子磁石の磁気モーメントが反平行に整列して

いるため，それらがたがいに打ち消し合い，磁化率は小さくなるという特徴があった．一方，温度が上昇し，ある値に達すると，原子の熱運動が激しくなり，こうした原子磁石の秩序ある整列が乱れ，反強磁性は消失することをネールは示している．この臨界値をネール温度という．

1948年には，「フェリ磁性」と呼ばれるもう一つ新しい磁性がネールによって発見されている．これによって，磁鉄鉱（酸化鉄）などが示す強い磁性や結晶構造に依存する磁気異方性が証明された．

ネールの業績は磁性に関する基礎物理学的な研究であるが，その成果は，多分野における新素材の開発に広く応用されるようになる．反強磁性の発見から38年，フェリ磁性の発見から数えても22年が経過してからノーベル賞が贈られたのは，こうした実用化の実績も加味されてのことだったのであろう．

1971

D. ガボール　Gabor, Dennis
1900-1979（イギリス）
「ホログラフィーの発明」

ホログラフィーとは，光の干渉性を利用した画像の記録，再生技術である．物体に光を当て，透過または散乱された光に，物体に当てていないもう一つの光を重ね合わせると干渉が起きる．この干渉パターンを写真フィルムで記録したものを，ホログラムという．ホログラムを見ても，そのままでは何が写っているのかわからない．ところが，そこに同じ光を当てると，ホログラムの干渉パターンよって回折が起きる．回折した光は，ホログラムをつくるとき物体に当てた光と同じ振幅と位相をもつので，ホログラムの向こう側に像が浮かんで見えるのである．

ふつうの写真と異なり，ホログラムには波の位相が記録されている．位相には光が来た方向や物体と像との距離に関する情報が含まれているので，ホログラフィーでは3次元の立体像を再生することが可能となる．

ガボールがこの新しい光学技術を発明したのは，1948年のことである．写真フィルムには従来の方法では成し得なかった，光のすべての情報が含ま

れていることから，全体を意味するギリシア語の holos にちなんで，これをホログラムと呼んだのである．

しかし，こうして原理は確立されたものの，当時はそれにふさわしい光源がなく，鮮明な像を得ることはできなかった．状況を大きく変えたのは，レーザーの発明である（「1964 年」参照）．レーザー光は位相，波長のそろった連続した波で，干渉性にすぐれていることから，ホログラフィーに適した光源となった．これによって，3 次元立体画像の実用化が進み，医療診断や商品のディスプレイなどにも使われるようになる．また，立体画像だけでなく，物体の変形，振動，音響機器などの測定にも応用されている．さらには調べようとする対象を傷つける心配がないことから，材料の状態や傷の非破壊検査においても威力を発揮している．

ノーベル物理学賞では，素粒子や宇宙論に関する基礎物理学分野への授賞が往々にして目立ちがちであるが，同時に応用範囲の広いテクノロジーの開発も高く評価される傾向がある．ガボールが発明したホログラフィーは，その代表といえるであろう．

1972

J. バーディーン　　Bardeen, John
1908-1991（アメリカ）

L. N. クーパー　　Cooper, Leon Neil
1930-（アメリカ）

J. R. シュリーファー　　Schrieffer, John Robert
1931-（アメリカ）

「超伝導現象の理論」

超伝導は 1911 年，カマーリング・オンネスによって発見された（「1913 年」参照）．物質の電気抵抗が極低温の臨界温度を境に突然ゼロとなり，オームの法則が破綻してしまうわけである．この現象には古典物理学は適用できず，代わって量子論の出番となるが，その理論がバーディーン，クーパー，シュリーファーの 3 人によって完成するのは，カマーリング・オンネスが 1926 年亡くなってから 30 年以上を経た，1957 年のことになる（3 人の

頭文字を取って BCS 理論と呼ばれる）．

　彼らが超伝導のメカニズムを解明する手がかりとして注目したのは，同位体効果である．1950 年代に入ると，水銀が超伝導を示す臨界温度が，水銀に含まれる同位体（原子番号は同じであるが，質量数が異なる元素）の質量に依存して変化することがわかってきた．質量の大きい同位体の割合が大きいほど，臨界温度が下がるのである．この実験結果は，超伝導が固体内の格子振動と深くかかわっていることを示唆していた．

　一般に粒子の集団がある相互作用のもとで起こす振動，波動（広義の音波）は，量子論に従うと，振動数に対応する量子化されたエネルギーをもつ，擬似的な "粒子" と見なせる．これを準粒子と呼び（「1962 年」参照），格子振動を量子化したものをフォノンという．元々は，低温における固体比熱を説明するために導入された準粒子である．

　さて，電子同士の間には電気的な反発力がはたらくが，超伝導状態となる臨界温度以下まで温度が下がると，フォノンを媒介として 2 個の電子が対をなし（これをクーパーペアと呼ぶ），離れることなく一緒に運動することが，BCS 理論によって示された．つまり，フォノンをやり取りすることによって，電子間に引力がはたらくのである．そして，こうして結合された電子対は個別に無秩序な運動をするのではなく，すべての対が同じ運動量でそろって流れるメカニズムが明らかにされた．

　電子が物質の中を移動すると，付近にある正電荷を帯びたイオンの格子は電子のほうに引き寄せられるので，その通り道は正電荷の密度が周囲よりも高くなり，分極が生じる．そこに別の電子が引き寄せられ，先行の電子と対を形成することになる（これがフォノンを媒介としたクーパーペアのイメージである）．臨界温度以下では，BCS 理論が語るように，この対は決して壊れず，永久電流となって流れ続けるというわけである．

　ところで，バーディーンは 1956 年の「半導体の研究とトランジスター効果の発見」に続く，2 度目の受賞となった．今日でもなお，ノーベル物理学賞を 2 回贈られたのは，バーディーン一人だけである．

1973

江崎 玲於奈　Esaki, Leo
1925-（日本）

I. ジェーバー　Giaever, Ivar
1929-（アメリカ）

「半導体および超伝導体におけるトンネル効果の実験的発見」

B. D. ジョセフソン　Josephson, Brian David
1940-（イギリス）

「ジョセフソン効果の理論的予測」

　トンネル効果は古典物理学ではあり得ない，量子論でしか解釈できない現象である．これは粒子が自分のもつエネルギーよりも高いポテンシャル障壁に阻まれていても，粒子は波となってポテンシャル障壁をすり抜け，外へじみ出すことが，ある一定の確率で可能という効果である．粒子が障壁を乗り越えるのではなく，トンネルをくぐるかのようにして，障壁を通り抜けることから，この名前がつけられている．1932年，コッククロフトとウォルトンが加速器を組み立て，原子核の破壊実験に成功したときも，その加速電圧はトンネル効果を考慮して設定された（「1951年」参照）．

　ところで，こうしたトンネル効果は原子核だけでなく，固体においても現れることを示したのが，この年にノーベル物理学賞を受けた3人である．

　ジョセフソンはまだ，ケンブリッジ大学に在籍中の1962年，超伝導体に関するトンネル効果の理論を導き出した．薄い絶縁体で隔てられた二つの超伝導体の間に電位差がなくても，電子対（「1972年」参照）がトンネル効果によって絶縁体を通過するというのである．これをジョセフソン効果という．絶縁体を挟む物質が臨界温度よりも高い常伝導体状態にあるときは，この現象は生じないことから，これは量子論に基づく二つの効果が同時に現れた過程であった．

　ノーベル賞の最年少受賞記録は，1915年に物理学賞を贈られたW. L. ブラッグの25歳である．ジョセフソンの受賞は33歳——それでも驚くほど若い——のときであったので，それには及ばなかったものの，受賞理由となった研究を行った際の年齢は，ケンブリッジ大学の先輩にあたるW. L. ブラッ

グと同じ 22 歳であった．驚異というほかはない．

さて，ジョセフソンが自分の名前を冠した効果を発見するきっかけとなったのは，1960 年，ジェーバーが実験で示した超伝導体と常伝導体の間で起きる電子のトンネル効果であった．また，江崎は 1958 年，不純物を混ぜた半導体の電流-電圧特性の測定から，彼らに先行して固体のトンネル効果を見出している．

1974

M. ライル　Ryle, Martin
1918-1984（イギリス）
「電波天文学の研究，とくに開口合成技術の発明」

A. ヒューウィッシュ　Hewish, Antony
1924-（イギリス）
「電波天文学の研究，とくにパルサーの発見」

17 世紀のはじめ，ガリレオが夜空に望遠鏡を向けて以降，天体観測技術の向上は著しく，手にした宇宙の情報量も増加の一途をたどってきた．しかし，20 世紀の半ばまで（ガリレオの時代から数えて 350 年間），その観測手段は偏に光学望遠鏡に頼っていた．つまり，可視光だけをとらえて宇宙を眺めていたのである．

ところが，地球には可視光以外にも広い波長域の電磁波が降り注いでおり，そのすべてに宇宙の貴重な情報が込められている．捨てるにはもったいないのである．ただ，大気や電離層が地球を取り囲んでいるため，可視光のほかに地上まで届く電磁波は電波（波長 1 ミリメートル～30 メートル）に限られる．1930 年代のはじめ，ジャンスキーがラジオ放送のノイズの中に偶然，銀河が放射する電波を検出していたが，電波を受信しての天体観測が本格化するのは，第 2 次世界大戦後のことになる（その背景には，大戦中における，レーダーをはじめとした電波技術の急速な進歩がある）．

そして，電波天文学という新しい分野を開拓し，先駆的な業績を収めたのが，この年，ノーベル物理学賞を贈られたライルとヒューウィッシュである．

まず，ライルは開口合成による観測方法を開発した．これは一つの巨大な電波望遠鏡を用いる代わりに，移動可能な複数の小さなアンテナを組み合わせ，電波の干渉を利用して観測を行うしくみである．これによって，望遠鏡の分解能を上げることが可能になった．また，ライルは地球の自転に合わせて望遠鏡の向きを効率よく変える方法を考案している．こうして高感度，高精度の観測を可能にしたライルは強い電波源だけでなく，多くの微弱な電波源も発見し，可視光だけでは制約のあった宇宙の構造と進化に関する研究を前進させた．

一方，ヒューウィッシュは電波観測を通し，「パルサー」と呼ばれる新しいタイプの星を発見した．1967年，ヒューウィッシュの研究グループは，宇宙から降り注ぐ通常の電波とは異なり，1.337秒という時計で測ったように正確な周期で発せられるパルス状の電波信号をとらえた．パルスがあまりにも規則正しいことから，それは自然現象ではなく，人工的な電波源，つまり地球外文明からの送信ではないかと，研究グループの中では一時，考えられた．

この点についてヒューウィッシュはノーベル賞受賞講演で，次のように触れている．パルスは地上からのものではなく，太陽系のはるか彼方から発せられていた．それはもしかすると，遠くの恒星をまわっている惑星から人工的に発せられた信号の可能性があった．パルスの間隔が規則正しいので，数週間，観測を継続すれば，ドップラー効果から，発信源である惑星の軌道運動が特定できると考えられた．その数週間は私の生涯で最も興奮した時期であったと，ヒューウィッシュは回想している．

太陽以外の恒星にも惑星がまわっていることがはじめて確認されるのは，やっと20世紀末になってからである．21世紀に入り，こうした太陽系外惑星は数多く発見されている．しかし，当時はそうした存在はまったく知られていなかったにもかかわらず，ヒューウィッシュが受賞講演で地球外文明の可能性に言及したのは，それだけ興奮が大きかった現れなのであろう．

さて，その後の観測から，パルス電波の発信源は"E. T."ではなく，高速で自転する中性子星であることが明らかになった．これは超新星爆発によって星が一生を終え，宇宙空間に飛び散ったとき，後に残された中心核で，中

性子だけからなる超高密度の天体である．この星は中性子により強い磁場をもつため，高速回転に伴って，電磁波が放射される．それを地球から観測すると，回転周期に対応する間隔でパルス状の電波が検出されるのである．パルスを放射する星ということから，パルサーと名づけられた．

その後，多くのパルサーが発見され，その中から，再び，ノーベル物理学賞が贈られる研究が報告されることになる（「1993年」参照）．

1975

A. N. ボーア　Bohr, Aage Niels
1922-2009（デンマーク）

B. R. モッテルソン　Mottelson, Ben Roy
1926-（デンマーク）

L. J. レインウォーター　Rainwater, Leo James
1917-1986（アメリカ）

「原子核の構造，とくに集団運動の研究」

この年，父子二代にわたるノーベル物理学賞受賞者が誕生した．A. N. ボーアである．彼は1922年，「原子の構造とその放射の研究」で受賞したN. H. D. ボーアの息子にあたる．トムソン父子（「1906年」，「1937年」参照），ブラッグ父子（「1915年」参照）につづく3組目の父子受賞である．そして，3組とも父子が同じ研究テーマに取り組んでいるところが興味深い．

父のほうのボーアは1936年，原子核の液滴模型を提唱していた．核力は強いが到達距離は短く，飽和性をもつ．この特徴が液滴を形づくる分子間力に似ているところから，原子核を液滴のアナロジーとしてとらえようとする理論である．たしかに原子核を液滴に置き換えてみると，核分裂や複合核の形成などはその過程をイメージしやすい．また，結合エネルギーや原子核の大きさ，核子の集団運動なども理解しやすくなる．しかし，それらはいずれも多分に定性的，現象論的な域を出ず，定量的な議論までは至らなかった．たとえば，原子核の回転や振動に相当する運動のエネルギー準位や魔法数（陽子，中性子が特定の数のとき，原子核は安定して存在する．この数を魔

法数という.「1963年」参照)を液滴模型で説明することはできなかった. この問題を解決するのは, 1949年, ゲッペルト=メイヤーとイェンゼンが独立に提唱した殻模型になる.

　1953年, こうした先行する, それぞれの利点をもつ二つの核模型を統合し, 核構造のさらに詳しい解析を可能とする模型を共同で組み立てたのが, A. N. ボーアとモッテルソンである. この理論によって, 核子の集団運動として現れる原子核表面の振動と個々の核子が見せる独立の運動との相互作用を扱うことが可能となり, 原子核の形状の周期的な変動や特定な軸のまわりの回転運動のエネルギー準位が求められた. その計算結果は実験とのよい一致を見たのである.

　さて, もう一人の受賞者, レインウォーターは1950年, 原子核の中心部を形成する核子集団と外層にある核子との相互作用を計算した. その結果, 多くの原子核が液滴模型でイメージされる球形からずれ, 回転楕円体をなすことが明らかにされたのである. また, それによって決まる原子核の電荷分布が実験と一致することが示された.

　こうして, A. N. ボーア, モッテルソン, レインウォーターにより, 原子核の集団運動を動力学的に扱う理論が構築されたのである.

1976

B. リヒター　Richter, Burton
1931- (アメリカ)

S. C. C. ティン (丁 肇中)　Ting, Samuel Chao Chung
1936- (アメリカ)

「J/Ψ粒子の発見」

　1974年11月, アメリカの二つの研究グループが独立に, 異なる加速器で, ほぼ同時に, クォーク模型(「1969年」参照)の確立に重要な貢献をする重い素粒子(J/Ψ粒子)を発見した. 以下は両グループの間でくり広げられた息づまるデッドヒートの物語である.

　まず, 中国系アメリカ人のティン率いるマサチューセッツ工科大学(MIT)のグループが1974年の9月, ブルックヘヴン国立研究所(ニュー

ヨーク州ロングアイランド）の陽子シンクロトロンを使って，陽子ビームをベリリウム核に衝突させ，その反応で生じる電子-陽電子の対(ペア)を観測していたところ，31億 eV（電子ボルト）のエネルギー値で，この対生成に切り立つような鋭いピークが現れることを発見した．このピークは陽子とベリリウムの核反応により，質量が陽子の3倍強に相当する重い未知の粒子が生成され，それが電子と陽電子に崩壊した可能性を示唆していた．

ところで，MITでは翌10月の17，18日に核反応の統計理論で知られ，ティンの恩師にあたるヴァイスコプフ教授の退職記念式典が開かれることになっていた．そこで，ティンははじめ，この席で新粒子発見を発表し，ヴァイスコプフの引退に花を添えようと考えた．

しかし，高エネルギーの衝突実験では，電子-陽電子対以外にも多くの粒子が飛び出してくるため，新粒子の存在を確定するには，実験データの詳細かつ念入りな解析が必要であった．結局，慎重を期して，ティンは劇的な発表を見送ることとし，追試実験を続行した．

ただ，発表を延期したティンにとって，一つ気がかりなことがあった．それは，リヒター率いるスタンフォード大学線形加速器センター（SLAC）のグループが，加速した電子ビームと陽電子ビームを正面衝突させる実験を行っていたことである．リヒターらの実験は手法は異なるものの，衝突ビームのエネルギー値が31億 eV を含む範囲まで上がれば，彼らも新粒子を発見することは間違いなかったからである．そして，もしリヒターのグループが先にその結果を発表してしまえば，発見の先取権は彼らのものとなってしまう．

そして，SLACでもほぼ同じころ，31億 eV のエネルギー値に急激に立ち上がるピークがとらえられた．

おりしも11月11日，ティンとリヒターは SLAC の研究計画諮問委員会で顔を合わせることとなり，そこで二人はたがいに，同じ粒子を独立に発見したことを確信する．そうなると，もはや躊躇する必要はなかった．

新粒子発見を報告する両グループの論文は「Physical Review Letters」1974年12月2日号に並んで掲載された．新粒子の名前をはじめ，ティンのグループは「J」，リヒターのグループは「Ψ」(プサイ)としたが，両グループによる

同時発見を考慮して,「J/Ψ」と呼ばれるようになった. この重い粒子は第4のクォークとその反粒子から成るハドロン (中間子) の一種であったのである (クォークは単独では取り出すことができず, このようにクォークから構成されるハドロンの検出を通して間接的にその存在が確認されている).

それにしても, 素粒子実験の最前線でくり広げられる先陣争いのなんと激しいことか. その舞台裏の一端は, ティンのノーベル賞受賞講演でも披瀝されている.

1977

P. W. アンダーソン　Anderson, Philip Warren
1923-(アメリカ)

J. H. ヴァン・ヴレック　van Vleck, John Hasbrouck
1899-1980 (アメリカ)

N. F. モット　Mott, Nevill Francis
1905-1996 (イギリス)

「磁性体と無秩序系の電子構造の理論」

受賞理由にある「無秩序系」とは, 結晶と異なり, 原子の配列が規則正しい空間格子をつくらずに凝集している固体 (アモルファス) のことである. たとえば, 金属や半導体に不純物が含まれていたり, 格子欠陥が生じると, 固体の秩序は乱れることになる. 1958年, アンダーソンはこうした無秩序系においては, 電子の局在化が起きることを量子論から導き出した. 成分原子によって電子に対するポテンシャルに差ができるため, 電子の入射波と散乱波の干渉が生じ, 波動関数が局在した状態となるからである (これをアンダーソン局在という).

アンダーソン局在性が現れると, 電子は固体内を動きまわれなくなるので, その物質は電気伝導性を失う. そこで, この性質を応用すると, アモルファス半導体の開発が期待できる. これはコスト面で単結晶半導体よりもすぐれているという利点がある.

固体内の周期性のないポテンシャル場における電子状態の理論化は非常に難しい問題であったが, アンダーソンはそれを成しとげ, 新しいタイプの半

導体の可能性を示したのである．

　ヴァン・ヴレックはかつてはアンダーソンの指導教授であり，物質が示す磁性を量子論を用いて説明する研究の先駆者である．磁性は原子に束縛された電子の運動に還元される．一方，原子同士の化学結合を担うのも，これらの電子である．つまり，ここで電子は同時に二つの重要な役割を果たしていることになる．そこで，ヴァン・ヴレックは原子に束縛された電子に近傍の別の原子が及ぼす効果を考慮し，化合物の磁気的，電気的，光学的な性質を記述できる理論を構築したのである．また，常磁性（磁場を加えるとその方向に弱く磁化するが，磁場を取り除くと磁化が消える物質の性質）の中には条件によって，その磁化率が温度に依存せず，ほぼ一定である場合が存在することを示している．

　なお，ヴァン・ヴレックの受賞理由となったおもな研究は1920年代から30年代にかけて行われたものである．したがって，ノーベル賞が贈られるまで半世紀を要したことになるが，それはアンダーソンや次に触れるモットらの業績とも合わせ，固体物理の基礎的研究が長い時間をかけ多くの分野で応用されるようになった実績を示しているのであろう．

　3人目のモットははじめ，原子核や粒子の衝突現象の研究に携わり，1933年に著した『原子衝突の理論』（H. マッセイと共著）は今日，この分野の古典的名著と評価されている．しかし，その後，固体物理学の理論的研究に転じ，金属電子論，磁性理論，結晶内の転位（一連の原子のずれ，格子欠陥の一種），アモルファス半導体の研究など幅広い分野において，継続してすぐれた業績を収めてきた．金属と絶縁体の間で起きる転移（物質の状態の変化）を，電子間の相互作用で説明する理論も構築したのもモットである．

1978

P. L. カピッツァ　Kapitsa, Pyotr Leonidovich
1894-1984（ソ連）
「低温物理学の基礎的研究」

A. A. ペンジャス　Penzias, Arno Allan
1933-（アメリカ）

R. W. ウィルソン　Wilson, Robert Woodrow
1936-（アメリカ）
「宇宙背景放射の発見」

　ヘリウムの液化の研究を行っていたカピッツァは1937年，液体ヘリウムが2.2Kの臨界温度で超流動状態になることを発見した．液体ヘリウムは粘性がゼロになり，圧力をかけなくても毛細管を通り抜けてしまう．また，容器に入れておいても，内壁を伝わってよじ登り，外へ流れ出てしまうという"離れ技"を見せたのである．

　超伝導は1911年，カマーリング・オンネスによって発見されていたが（「1913年」参照），超低温の世界ではそれ以外にも，カピッツァが見つけた不思議な現象が見られたのである．なお，超流動のメカニズムを理論的に解明したのは，ランダウである（「1962年」参照）．

　カピッツァは1939年，大量の液体酸素を効率よく製造できる装置を開発，その工業化を実現している．超流動の発見という基礎科学の分野から低温技術の応用まで，幅広い分野で業績を残したのである．

　ところで，ここで一つの疑問が湧く．それは1962年，「液体ヘリウムの理論」でランダウにノーベル賞を贈られたとき，なぜ超流動を発見したカピッツァが授賞から外されたのかということである．物理学は実験と理論が車の車輪のようにはたらいて進歩していく学問である．その意味で，カピッツァとランダウを共同授賞とすればノーベル賞にふさわしい組み合わせであったと思われる．また，ランダウに対する授賞の挨拶で（本人は交通事故で重傷を負い，出席できなかったが），スウェーデン王立科学アカデミーのヴァルレルは当然のことながら，カピッツァの業績に言及している．にもかかわらず，授賞は見送られた．そのときのカピッツァの心情を忖度すると，さぞや

無念であっただろうと思う．

しかし，ノーベル賞はカピッツァを見捨てなかった．それから16年後，すでに84歳の高齢となっていたカピッツァはペンジャス，ウィルソンとともにノーベル物理学賞に輝いたのである．ただ，宇宙背景放射の発見というまったく異分野の二人との同時受賞にはこれまた，どうしてなのかという疑問が一瞬湧くが，彼らを結びつけるキーワードは低温であった．

1960年代に通信衛星のアンテナの開発に従事していたベル電話研究所のペンジャスとウィルソンはどうしても除去できないマイクロ波の雑音（ノイズ）に頭を悩ませていた．1965年，彼らはそれが人工の電波源（放送や通信など）によるものでなく，宇宙のあらゆる方向から時間に関係なく，一定の強さで降り注いでくる電波であることに気がついた．そして，マイクロ波は温度に換算すると2.73 Kの値を示していた．

マイクロ波の正体は，ビッグバン直後の宇宙空間に充満していた高エネルギー放射の名残りであった．これを宇宙背景放射という．膨張とともに宇宙の温度が下がり，初期の放射はいま，極低温のマイクロ波となって観測されたのである．これはハッブルの法則や宇宙における元素の組成比と並んで，ビッグバン宇宙論の有力な証拠となった．その後，専用の探査衛星を使った宇宙背景放射の詳しい観測が開始され，その業績でマザーとスムートが2006年，ノーベル物理学賞を受賞することになる．

カピッツァは2.2 Kで超流動を発見した．ペンジャスとウィルソンは宇宙に2.73 Kのマイクロ波を発見した．先ほど触れたように，超流動と宇宙背景放射をつなぐのは，それぞれが示す極低温であった．これをキーワードに3人を同時授賞とした決定には，ノーベル物理学賞委員会の粋な計らいを感じる．とくにカピッツァの年齢を考えると，その思いを強くする．

1979

S. L. グラショー　Glashow, Sheldon Lee
1932- (アメリカ)

S. ワインバーグ　Weinberg, Steven
1933- (アメリカ)

A. サラム　Salam, Abdus
1926-1996 (パキスタン)

「弱い相互作用と電磁気力の統一理論」

　17世紀，ニュートンは月や惑星の公転もリンゴの落下も，同じ重力の作用で説明できることを証明した．天上界と地上界の力の統一を図ったのである．19世紀に入ると，電気と磁気は独立の現象ではなく，たがいに作用を及ぼし合うことを示す実験事実が蓄積され，両者を統一する理論がマクスウェルによって提唱された．

　こうした歴史を彷彿とさせる試みが，1960年代の物理学でも見られようになってきた．

　現在，自然界の基本的な力として，重力，電磁気力，強い相互作用（核力），弱い相互作用（素粒子の崩壊にはたらく力）の四つが知られている．このうち，後者の二つはいずれも，到達距離が非常に短く，原子核や素粒子の世界だけに現れる力である．一方，前者の二つはいずれも，無限遠まで作用する遠距離力で，マクロの世界に現れる．

　ところで，いまこうして四つに分かれている力も，エネルギーがとてつもなく高かった誕生直後の宇宙では，一つの力に統一されていたと考えられている．ところが，宇宙の膨張につれてエネルギーが下がっていくと，最初に重力が，続いて強い相互作用が，そして最後に弱い相互作用と電磁気力が分化し，ビッグバンからおよそ 10^{-10} 秒後には，まったく異なる作用の四つの力ができ上がったと推測されている．

　さて，電磁気力が光子のやり取りで伝わるように，β 崩壊（電子を放出して粒子が崩壊する過程）や μ 崩壊（μ 粒子の放出過程）などを引き起こす弱い相互作用を媒介する粒子として仮定されたのが，ウィークボソンである．このように，物質を構成するのではなく，力を媒介する粒子をゲージ粒子と

呼ぶ．

　ということは，電磁気力と弱い相互作用が初期の宇宙で最後に分化したとき，宇宙のエネルギーの低下により，それぞれのゲージ粒子にも違いが生じ，二つの力は異なる相互作用となったという理論を1960年代のはじめに提唱したのが，グラショーである．電磁気力は無限遠まで届く遠距離力であり，そのため，ゲージ粒子である光子の質量はゼロになる．一方，弱い相互作用は最も伝達距離の短い力なので，ゲージ粒子であるウィークボソンの質量はその分，重くなるとグラショーは考えた（力の到達距離は，ゲージ粒子の質量に反比例する）．

　1967年から翌年にかけ，グラショーの理論を受けて，ウィークボソンの質量を計算したのが，ワインバーグとサラムである．彼らの計算によると，その値は陽子のおよそ100倍という超重量級クラスであった．ところが，初期宇宙の超高エネルギーになると，ウィークボソンの質量は光子と同様ゼロとなり，電磁気力と弱い相互作用は統一されるというわけである．

　このようにして，その存在が予言されたウィークボソンは1983年，CERN（欧州合同原子核研究機構）の実験で検出されることになる（「1984年」参照）．

　ニュートン，マクスウェルに続き，力の統一を成しとげたグラショー，ワインバーグ，サラムの3人の業績は，自然界の四つの力を一つに還元する試みの第一歩となったのである．

1980

J. W. クローニン Cronin, James Watson
1931-（アメリカ）
V. L. フィッチ Fitch, Val Logsdon
1923-（アメリカ）

「中性K中間子崩壊における基本的対称性の破れの発見」

　1956年，リーとヤンは弱い相互作用のもとではパリティは保存せず，空間の対称性は破られるとする理論を発表した（「1957年」参照）．彼らの理論の正しさはその翌年，コバルトのβ崩壊を測定したウーの実験によって

証明された．ウーが実験を行う前，パウリ（「1945年」参照）はヴァイスコプフに宛てた手紙に，「神様が弱い左利きだとは，私には信じられない．ウーの実験の結果は，対称ということになるだろう．私はそのほうに大きく賭けてもよい」と書いたという（M. ガードナー 著『自然界における左と右』紀伊國屋書店，1971年）．それほどに，パウリの対称性への思い入れは強かったのである．

しかし，パウリの期待ははずれ，パリティの非保存性から，ある現象とその鏡像の区別はついてしまったわけであるが，そうなると今度は，次のような仮説が唱えられた．ある現象を反粒子で置き換えると，その鏡像と本物は区別がつかず，対称性が復活するのでないかという予測である．つまり，左と右の入れ替え（パリティ，P）と粒子と反粒子の入れ替え（電荷の符号が反転，C）を続けて行えば（これをCP変換という），もとと同じ状態が現れるのではと考えられた．自然界の基本的な性質は対称性にあると信じる物理学者が多かったのである．

ところが，結局CP対称性も破られることが，1964年クローニンとフィッチの実験によって確かめられた．彼らはK中間子がパイ中間子のペアに崩壊する現象を観測し，CP変換を施しても，対称性が保存されない例があることを見出した．やはり，神は弱い左利きだったのである．

こうしたCP対称性の破れは，弱い相互作用のもとでの粒子と反粒子の振る舞いかたの違いに起因するが，その理由はやがて，小林‒益川理論によって明らかにされることになる（「2008年」参照）．

1981

N. ブルームバーゲン　Bloembergen, Nicolaas
1920-（アメリカ）

A. L. ショーロー　Schawlow, Arthur Leonard
1921-1999（アメリカ）

「レーザー分光学の研究」

K. M. シーグバーン　Siegbahn, Kai Manne
1918-2007（スウェーデン）

「高分解能電子分光学の研究」

　この年，4組目となる父子二代にわたるノーベル物理学賞受賞者が誕生した（表参照）．K. M. シーグバーンである．父の K. M. G. シーグバーンは X 線分光学の開拓者の一人で，高い精度で特性 X 線の振動数（波長）の測定を行っている（「1924年」参照）．面白いことに，4組すべてに共通していえるのは，息子が皆，父親と同じ分野に進み，ノーベル賞を手にしていることである．K. M. シーグバーンも父と同様，分光学の研究において，すぐれた業績を収めている．

　K. M. シーグバーンは1960年代，X 線照射によって放出される光電子のエネルギー分析に β 線スペクトロメーター（電子のエネルギー，運動量を電場や磁場の作用，電離現象を利用して測定する装置）を用いる方法を開発した．これによって，原子，分子，固体内の電子のエネルギー準位が精密に求まり，元素の特定や化学結合の状態を詳しく知ることが可能となったのである．

　一方，同時受賞となったブルームバーゲンとショーローの二人は同じ分光学でも，レーザーを用いた分析方法の確立に貢献している．

　レーザーは指向性にすぐれ，エネルギー密度が高いという特性から，物質に照射すると，その反射や屈折のしかたが従来の光学理論とは異なってくる．1962年，ブルームバーゲンはこうした現象を発見，非線形光学と呼ばれる新しい分野を開拓した．ショーローは非線形レーザー分光法の精密化を進め，リュードベリ定数（原子のスペクトル項に現れる基本定数）やラム・シフト（「1955年」参照），同位体シフト（原子のスペクトル線の振動数が

同位体の質量の違いによって，わずかにずれる現象）をより高い精度で測定することを可能にしたのである．

分光学の歴史は 19 世紀後半まで遡るが，1981 年の 3 人の受賞は，この分野が光電子やレーザーを利用して進歩し，原子，分子，固体のエネルギー準位の解析に広く貢献するようになったことを表している．

父子二代のノーベル物理学賞受賞者

J. J. トムソン	1906 年	電子の発見
G. P. トムソン	1937 年	結晶による電子回折の発見
W. H. ブラッグ W. L. ブラッグ	1915 年	X 線による結晶の構造研究
N. H. D. ボーア	1922 年	原子の構造とその放射の研究
A. N. ボーア	1975 年	原子核の構造，とくに集団運動の研究
K. M. G. シーグバーン	1924 年	X 線分光学の研究
K. M. シーグバーン	1981 年	高分解能電子分光学の研究

1982

K. G. ウィルソン　　Wilson, Kenneth Geddes
1936-2013（アメリカ）
「物質の相転移に関連する臨界現象の理論」

物理学は理論と実験を車の両輪として，進歩していく学問である．しかし，長い歴史の中では，実験事実は知られていても，その理論的解明はなかなか進まなかったという例もある．1911 年にカマーリング・オンネスが発見した超伝導（「1913 年」参照）は，その最たるものであろう．バーディーン，クーパー，シュリーファーによって，超伝導の理論が完成するのは，やっと 1957 年のことであった（「1972 年」参照）．

1982 年にノーベル物理学賞を受けたウィルソンがその理論を築き上げた相転移に関連する臨界現象も，そうした重要な事例の一つである．

1910 年，ファン・デル・ワールスは気体と液体の相転移の研究でノーベ

ル物理学賞を受賞している．その後，およそ70年の間に，固相，液相，気相の三つの基本的な物質の状態に加え，新たに，超伝導，超流動，強磁性，反強磁性，強誘電性，ネマチック構造（分子の配列が特殊な形態をなす液晶構造），ヌメチック構造（ネマチックとは異なる液晶構造）などの相が注目を集めるようになっていた．温度，圧力，組成，電場，磁場などの変化により，物質はこうしたさまざまな相に転移を起こすわけである．

1971年，ウィルソンは臨界現象として知られる相転移点付近の多くの物質の振る舞いを，くりこみ群と呼ばれる数学を用いて一般的に理論化するモデルを発表した．これによって，観測はされていたものの，理論的な説明がなされていなかった相転移の解釈が可能となったのである．また，ウィルソンが導入した数学的な方法は，乱流の研究にも応用されるようにもなった．

ところで，ウィルソンは1971年のガボール以来，11年ぶりの単独受賞となった．1901年から1950年までは，ノーベル物理学賞受賞者総数54人のうち35人が単独受賞であるが，1951年から2000年までを見ると，総受賞者108人中，単独受賞はウィルソンを含めわずか11人しかいない．そして，1992年のシャルパック以降は，一人も単独受賞者は出ていない．こうした傾向からも，ウィルソンの研究の独創性の高さがうかがえる．

1983

S. チャンドラセカール　Chandrasekhar, Subramanyan
1910-1995（アメリカ）
「星の進化と構造に関する物理的過程の研究」

W. A. ファウラー　Fowler, William Alfred
1911-1995（アメリカ）
「宇宙の化学物質生成過程における核反応の研究」

W. L. ブラッグ（「1915年」参照）とジョセフソン（「1973年」参照）がノーベル物理学賞の受賞対象となった業績を挙げたのはともに，弱冠22歳という若さであった．そして，1983年の受賞者の一人であるチャンドラセカールが1932年，白色矮星の上限質量を理論的に導き出したのも，22歳のときであった．物理学，とりわけ理論研究は知識の蓄積よりも柔軟な思考力

と独創性が重要とはよくいわれるが，それにしても22歳でノーベル賞につながる業績を残したという早熟さには驚かされる．

ところで，白色矮星とは太陽ほどの質量をもつ恒星が進化の末，地球ほどの大きさに凝縮した高密度の星である．この高い密度は量子論で記述される縮退（電子が固く詰まった状態）に起因しているので，白色矮星は縮退星とも呼ばれる．チャンドラセカールは白色矮星が形成されるのは，その質量が太陽のおよそ1.4倍以下の場合であることを明らかにした．これをチャンドラセカール限界という．また星の一生の最終段階として，重力崩壊を起こす可能性（ブラックホール）についても言及している．

これ以外にもチャンドラセカールは星の進化と内部構造に関するさまざまな物理過程を研究し，約半世紀に及ぶ，それらの業績が総合的に評価されてのノーベル賞受賞となった．

同時受賞者のファウラーは第2次世界大戦後，星の内部で進行する核反応によって元素が合成される過程の理論的研究とその実験による検証を継続して行ってきた．初期の宇宙に存在した元素は，水素とヘリウムだけであったと考えられている．それらが重力によって凝集し，密度と温度がある条件を満たす高さに達したとき核融合のスイッチが入り，星となって輝きはじめた．そして，星の内部で鉄までの重い元素がつくられていったのである．さらに，星がその一生を終え，超新星爆発を起こしたとき，その衝撃で進行した核反応によって，鉄よりも重い元素が生まれたのである．その意味で，星は元素の製造工場の役割を果たしている．

こうして製造された諸元素は超新星爆発によって宇宙空間にいったん飛散するが，そのガスが再び重力によって集まり，星として再生するわけである．われわれの太陽系も，一世代前の星がそうした過程を経て，一生を終えた後の産物といえる．

ファウラーはノーベル賞受賞講演の最後でこう語っている．

「私の主要な研究テーマはずっと，炭素からウランまでのすべての重元素が星の中で合成される現象でした．皆さんの体の大部分はこうした重元素からできていることを思い起こして下さい．水素を別にすると，皆さんの体は65パーセントが酸素，18パーセントが炭素であり，そしてもう少し低い割

合で窒素，カルシウム，マグネシウム，リン，硫黄，塩素，カリウム，さらにほんのわずかではあるが，より重い元素が含まれています．したがって，皆さんも私もまさに文字どおり，星くずの小さな集まりといえるのです」．

ファウラーの言葉は，われわれが星の"申し子"であることを物語っていた．

今日，定説となっているビッグバン宇宙論の根拠は主として三つある．宇宙の膨張（ハッブルの法則），宇宙背景放射（「1978年」参照），そして三つ目が，軽元素（水素，ヘリウム）と重元素の存在比が理論と観測とよく一致していることである．チャンドラセカールによる星の進化と構造の研究，ファウラーによる星の内部における元素の合成過程の研究は宇宙論の確立にも貢献したのである．

1984

C. ルビア　Rubbia, Carlo
1934-（イタリア）

S. ファン・デル・メーア　van der Meer, Simon
1925-2011（イタリア）

「ウィークボソンの発見」

素粒子の崩壊を引き起こす力である弱い相互作用のゲージ粒子（力の伝達を担う粒子）はウィークボソンと呼ばれ，その質量は陽子のおよそ100倍と理論的に予想されていた（「1979年」参照）．これだけ重い粒子を衝突実験によって発生させるには，きわめて高いエネルギーを創出できる加速器が必要となる．1976年，その計画がCERN（欧州合同原子核研究機構）において，ルビアをリーダーにしてスタートした．CERNは設立されてから四半世紀が経過していたが，まだ，一人もノーベル賞受賞者を輩出していなかった．ウィークボソンの検出は，十分ノーベル賞を狙えるテーマであっただけに，それはCERNの重要なプロジェクトとなった．

当時，CERNでは陽子をリング内で加速し，標的粒子に衝突させる「スーパー陽子シンクロトロン」（SPS）が稼働していた．しかし，この方法ではウィークボソンを発生させるに足るエネルギー領域には届かなかった．そこ

で，ルビアは陽子と反陽子をリング内で反対方向にまわし，正面衝突させ，エネルギーをウィークボソン発生に必要な 6000 億 eV（電子ボルト）まで上げられるよう，SPS の改修を提案した．

その際，高い加速エネルギーに加え，多量の反陽子を効率よくつくり出すことが求められる．この方法の開発を担ったのが，ファン・デル・メーアである．

SPS は 1981 年に改修が済み，早速，実験が開始された．そして早くも 1983 年 1 月，CERN の大講堂で，ウィークボソン発見の報告がなされた．また，それを伝える CERN の実験グループの論文は，「Physics Letters」1983 年 2 月 25 日号に掲載された．ルビアとファン・デル・メーアがノーベル賞を手にするのは翌年のことであるから，大変なスピード授賞であった．それはまた，ウィークボソン発見の重要さと CERN の実験に対する信頼性の高さを物語っていた．

ところで，「Physics Letters」に掲載された彼らの論文を見ると，著者（実験に携わった物理学者）の人数が 135 人にも及んでいることがわかる．巨大加速器を稼動し，膨大な量のデータを解析するには，これだけの人数が必要となってくるわけである．

しかし，ノーベル賞受賞者の枠は毎年，一部門につき，3 人以内とする規定（慣例）がある．したがって，実験の指導的立場にあった二人だけにノーベル賞が贈られたわけである．135 人からなる実験チームに対して授賞するというやり方は取られていない．多少厳しい見方をすれば，「一将功成りて万骨枯る」といった思いがしないでもない．

ノーベル賞が創設された当時の状況と比べ，物理学はその研究スタイルも規模も大きな様変わりを遂げてしまった．一人の科学者が個人のレベルで，時代を画する発見をするという時代はすでに過去のものとなりつつあった．

それを反映し，ノーベル賞を 3 人枠に縛られた個人の業績を顕彰する制度と見なすのか，業績の偉大さそのものにスポットライトを当て，チームに対する褒賞と考えるべきなのか，難しい判断を迫られる時代に入りつつあることを，この年のノーベル物理学賞は物語っていた．

1985

K. フォン・クリッツィング　von Klitzing, Klaus
1943-（ドイツ）

「量子ホール効果の発見」

　1879年，アメリカのホールは次のような電流磁気効果を発見した．電流を通した導体に対し垂直に磁場をかけると，電流と磁場の両方に垂直な方向に電場が発生し，起電力がつくり出されたのである．これをホール効果という．電流を担う荷電粒子の運動が磁場によって曲げられるために起こる現象で，これによって，電流の担い手となるキャリヤー（荷電粒子）の種類を判別することが可能になる．

　こうしたホール効果は現在，半導体物質の研究に広く利用されている．加える磁場をいろいろな強さに調節しながら，それに対応して発生するホール効果の電流と電圧の変化を測定し，半導体の特性を調べるわけである．ただし，この場合，電流と電圧の変化のしかたは古典物理学（電磁気学）の法則に完全に従っており，特別驚くような現象は何も起こらない．

　ところが，ホールによる発見から1世紀後の1980年，フォン・クリッツィングがホール効果の量子論版を発見するのである．

　フォン・クリッツィングはきわめて強い磁場のもと，絶対温度で数Kという極低温の条件下で，ホール効果の測定を試みた．超伝導（「1913年」，「1972年」参照）や超流動（「1962年」，「1978年」参照）のように，古典物理学が扱ってきた環境から大きく離れると，思わぬ何かが起きる可能性が期待できるからである．

　そして，その何かは起きた．フォン・クリッツィングが用いた試料は，厚さ1ナノメートルというきわめて薄い半導体を接合した物質で，この中では電子は事実上，2次元空間に閉じ込められている．すると，ホール効果による電流と電圧の関係を結びつける電気抵抗が，プランク定数（「1918年」参照）で与えられる不連続な値を示したのである．つまり，抵抗は連続的に変化するのではなく，ある単位の整数倍の値しか取らないという量子化現象を示していた．

　自然界には，2次元空間に束縛された状態の電子はふつうは見られない．

ところが，半導体工学の進歩により，こうした電子状態がつくり出せることになったことから，量子ホール効果は発見されたのである．それは電気抵抗の測定というマクロな現象を通して量子論の効果をとらえる貴重な事例であった．

　量子ホール効果は，たとえば微細構造定数（原子のスペクトルの微細構造を表す定数．「1955年」参照）を高い精度で求めることを可能にするなど，基礎物理学の分野でその有用性を発揮しているだけでなく，半導体工学への応用でも広く活用されるようになったのである．

1986

E. ルスカ　　Ruska, Ernst
1906-1988（ドイツ）
「電子顕微鏡の基礎的研究」

G. ビーニッヒ　Binnig, Gerd
1947-（ドイツ）

H. ローラー　Rohrer, Heinrich
1933-2013（スイス）
「走査型トンネル電子顕微鏡の開発」

　この年のノーベル物理学賞には，半世紀以上も前に電子顕微鏡を開発したルスカと，8年前に電子顕微鏡にブレイクスルーを起こしたビーニッヒ，ローラーの3人が選ばれた．20世紀を代表するテクノロジーに深くかかわった新旧の研究者が一緒に受賞するという，なかなか味のある選考が行われたのである．

　1927年，デヴィソン，G. P. トムソンによって，電子の波動性が実証された（「1937年」参照）．この波動性に注目し，光の代わりに電子を用いた顕微鏡の構想を抱いたのが，ルスカである．可視光はその波長域が決まっているため，原理的にあるサイズ以下の小さい物を観察することはできない．これに対し，電子の波長は加速電圧を上げることによって短くすることが可能であるので，それによって，光学顕微鏡の分解能を上回る新しいタイプの顕微鏡が期待されたわけである．

その際，電子を屈折させるレンズの役割を果たすのは磁場になる．1933年，ルスカは磁界レンズを用いた装置を組み立て，1万2000倍の倍率を実現している．これによって実際に，光学顕微鏡では見ることのできない小さな対象物の観察ができるようになったのである．以降，さまざまな改良とともに分解能は向上し，1970年代には，1個の原子をとらえられるまで電子顕微鏡は進歩し，今日，多くの分野で活用されていることはよく知られるとおりである．

　さて，こうして，電子顕微鏡が開発されてから半世紀近くたった1978年，ビーニッヒとローラーは原理がまったく異なる新しいタイプの走査型トンネル電子顕微鏡の開発に成功した．

　光学顕微鏡にしても電子顕微鏡にしても，適当な波を対象物に当て，反射された波をレンズで屈折させて像を拡大するという原理は同じである．ところが，ビーニッヒとローラーが発明した顕微鏡は，いかなる波も当てない装置であった．何も当てずに物が見えるのかと思いたくなるが，そこにはまさしく発想の転換があった．

　先端を鋭く研磨したタングステンの針を0.1ナノメートルの単位で，金属や半導体の表面すれすれに近づけ，電圧をかけると，量子論のトンネル効果によって，針に向かって電流が流れる．このとき，電流の強さは試料の表面と針の先端までの距離に対し指数関数的に変化する．そこで，試料の表面を針でなぞるように走査していくと，トンネル電流の強弱によって，表面の凹凸の形状が0.1ナノメートルレベルで読み取れるようになり，表面の原子配列が高い分解能で観察できるようになった．

　これを走査型トンネル電子顕微鏡という．これに対し従来のタイプは透過型電子顕微鏡と呼ばれ，区別されるようになった．

　ルスカは顕微鏡は光だけでなく，電子を用いることによって，光よりもさらにミクロな対象物に迫れることを示した．そして，ビーニッヒとローラは電子を対象物に当てるのではなく，対象物から電子を吸い上げるという，まったく逆の原理で新しい電子顕微鏡を実現したのである．そこには，コペルニクス的転回と形容できる斬新な発想があったのである．

1987

J. G. ベドノルツ Bednorz, Johannes Georg
1950- (ドイツ)

K. A. ミュラー Müller, Karl Alexander
1927- (スイス)

「セラミックス高温超伝導体の発見」

　カマーリング・オンネスによって，水銀が4.2Kの臨界温度で超伝導状態になることが発見されたのは1911年のことであった（「1913年」参照）．そして，極低温で金属の電気抵抗が消失するメカニズムが量子論の効果として，バーディーンらにより理論的に解明されたのは，やっと1957年においてである（「1972年」参照）．

　ところで，水銀に限らず一般に，超伝導の臨界温度はいずれの物質においても，きわめて低い．たとえば，タングステン（0.012K），亜鉛（0.852K），モリブデン（0.92K），アルミニウム（1.196K），鉛（7.193K），ニオブ（9.23K）といった具合である．こうした極低温をつくり出し，維持するには高いコストを必要とするので，少しでも高い臨界温度を求めて，新素材の開発が，いわば試行錯誤的に進められてきた．

　しかし，1986年まで，臨界温度の最高記録は，1973年に測定されたニオブとゲルマニウムの合金が示す23.2Kにすぎなかった．1911年，4.2Kの水銀で超伝導が発見されてから4分の3世紀を経て，臨界温度の上昇はわずか19Kにとどまっていた．遅々とした歩みだったわけである．

　ところが，1986年の春，ブレイクスルーが起きる．ベドノルツとミュラーが3種類の金属を含む酸化物の中に，27K（銅，ランタン，バリウムの酸化物）と37K（銅，ランタン，ストロンチウムの酸化物）という高い臨界温度をもつ新素材を発見した．ここで，臨界温度はそれまでの記録を一気に，14K近くも更新したのである．しかも，それが酸化物という，一見超伝導が起きそうもないような物質において発見されたことに注目が集まった．

　それだけに，発表当初，ベドノルツとミュラーの実験結果について，懐疑的に見られる節があった．しかし半年後の11月，東京大学の田中昭二に

よって彼ら二人の実験が再現され，臨界温度の高い値が確認された（ノーベル賞受賞講演で彼らはこの点について触れている）．そしてこれを契機に，より高い臨界温度の探求が世界の物理学のブームとなった．"高温超伝導フィーバー"のはじまりである．

金属酸化物は比較的，作成が手軽なため，いわば手当たり次第に混ぜ合わせる金属の組み合わせと割合を変え，少しでも高い臨界温度を求める競争に火がついたのである．ベドノルツとミュラーの発表から1年後には，その値が94 Kという物質（銅，イットリウム，バリウムの酸化物）がほかのグループによって合成された．この温度は窒素の液化温度77 Kを超えていることから，液体ヘリウムを使わずに"高温"超伝導の実現可能となった．

ベドノルツとミュラーのノーベル物理学賞受賞が，高温超伝導発見の翌年という早さであったことからも，ブレイクスルーが物理学界のみならず世間に与えたインパクトの大きさがうかがえる．

なお，こうした高温領域に入ると，もはや従来のBCS理論は適用できず，そのメカニズムの解明は21世紀に持ち越されている．

1988

L. M. レーダーマン　Lederman, Leon Max
1922-（アメリカ）

M. シュワルツ　Schwartz, Melvin
1932-2006（アメリカ）

J. シュタインバーガー　Steinberger, Jack
1921-（スイス）

「ニュートリノビーム法の開発とミューニュートリノの発見によるレプトン二重構造の実証」

最近，ますます注目を集めている素粒子のニュートリノの存在を1930年にはじめて予言したのは，パウリ（「1945年」参照）である．当時，原子核のβ崩壊（原子核が電子を放出して崩壊を起こす現象）を観測すると，反応前に比べ反応後のエネルギーがほんの少し足りないことが知られていた．パウリはβ崩壊では電子のほかに未知の粒子が放出されており，その粒子

が失われたエネルギーを持ち去っているのだと考え，それにはじめ，ニュートロンという名前をつけた（中性子が発見される2年前のことであった．「1935年」参照）．

1933年，パウリの予言を受け，この粒子の存在を仮定して，弱い相互作用の理論を提唱したのがフェルミ（「1938年」参照）である．このとき，中性子はすでに発見されていたので，フェルミはエネルギーを持ち去る粒子にニュートリノという名前をつけた．

ニュートリノは質量がほとんどないかあるいはゼロと考えられ，弱い相互作用以外は示さず，その結果，物質とほとんど相互作用しないという特徴をもっていた．どんなに密度の高い物質でも，ニュートリノにとっては透明に近いのである．したがって，検出器でとらえることもきわめて難しく，それだけに，その正体は謎に包まれた部分が多かった．はじめてニュートリノの検出に成功したのは，ライネス（「1995年」参照）とコーワンである．彼らは1956年，原子炉を使った実験で，きわめて低い確率でしか生じないニュートリノと陽子の衝突を観測したのである．

ところで，β崩壊によく似た現象として，パイ中間子の崩壊が知られていた．パイ中間子の場合には電子ではなく，ミュー粒子が放出されるのが，ここにも同時にエネルギーの一部を持ち去るニュートリノの存在が認められていた．そこで，この二つの崩壊過程に現れるニュートリノは同一の粒子か否かという問題が生じていた．

1962年，アメリカのブルックヘブン国立研究所で陽子シンクロトロンを使い，この二つの粒子が異なるニュートリノであることを証明したのが，1988年のノーベル物理学賞を受けたレーダーマン，シュワルツ，シュタインバーガーの3人である．

彼らは150億eV（電子ボルト）に加速した陽子をベリリウム核に衝突させ，パイ中間子を多量に発生させた．そして，このパイ中間子がミュー粒子を放出して崩壊する際に飛び出してくるニュートリノのビームをつくり出した．この実験を通し，総数で約10^{14}個のニュートリノが検出器に送り込まれた計算になるが，そのうち40個のニュートリノが観測されている．その結果，これらのニュートリノはすべて，β崩壊によって放出されるニュート

リノとは別の種類であることが判明したのである．そこで，β崩壊で発生するほうを電子ニュートリノ，パイ中間子の崩壊で発生するほうをミューニュートリノと呼んでいる．

さらにその後，1974年から77年にかけ，パールがスタンフォード大学線形加速器センターで行った実験により，タウ粒子が発見されると，その崩壊過程で第3のニュートリノが発生することが予想された（「1995年」参照）．予想どおり，タウニュートリノは2000年，フェルミ研究所で検出されることになる．

こうして，レプトン（強い相互作用をしない素粒子）は電子と電子ニュートリノ，ミュー粒子とミューニュートリノ，タウ粒子とタウニュートリノの三つのペア，6種類が発見されるに至る．一方，クォーク（強い相互作用をし，陽子，中性子，中間子などハドロンを構成する素粒子．「1969年」参照）も同じく6種類が確認され，レプトンとの間で対称性が保たれている．これが素粒子の標準模型であるが，レーダーマンらの研究はその構築の実験的な先駆けとなったのである．

1989

N. F. ラムゼー　　Ramsey, Norman Foster
1915-2011（アメリカ）

「ラムゼー共鳴法の開発およびその水素メーザーや原子時計の応用」

H. G. デーメルト　　Dehmelt, Hans Georg
1922-（アメリカ）

W. パウル　　Paul, Wolfgang
1913-1993（ドイツ）

「イオントラップ法の開発」

この年のノーベル物理学賞は，精密な原子分光法の発展に寄与した3人に贈られた．彼らが開発した方法は時間の基準の設定や一般相対性理論の検証，わずかな大陸移動の距離測定などに用いられている．

原子は離散的なエネルギー準位をもっているので，準位間で遷移が起きる

と，そのエネルギー差に対応した電磁波が放出あるいは吸収される．また，外から準位間のエネルギー差に等しい電磁場を作用させると共鳴が生じる．この分野の先駆的な研究としては，ラービの核磁気共鳴法の発見がある（「1944年」参照）．

1949年，ラムゼーはラービの分光法を改良し，離れた2か所にある振動電磁場に原子ビームを通す方法を考案した．このとき，原子が励起状態にある時間に対して，原子が2か所の電磁場を通過するのに要する時間よりも長ければ，1個の原子が2か所で電磁波を放出し，相互に干渉して，鋭い共鳴が観測できるのである（これをラムゼー共鳴法という）．これによって，従来よりもはるかに高い精度で分光測定が行えるようになった．

その応用の一つがセシウム原子時計である．1967年から，ラムゼー共鳴法によって求められたセシウム原子の特定の周波数が時間の基準として用いられている．具体的に書くと，「1秒はセシウム133の基底状態の超微細構造間で生じる遷移による放射の91億9263万1770周期に等しい時間」と定義されたのである．

また，ラムゼーは1959年，数日程度の短期間であれば，セシウム原子を用いるよりも精度の高い測定が可能となる水素メーザーを発明している．この技術は星からの電波を受信して大陸移動などを測定する超長距離基線干渉法（Very Long Baseline Interferometry, VLBI）や，光の波長に及ぼす重力効果の検出などに使われている．

ところで，こうした精密な分光測定を行うには，1個のイオンをなるべく長い時間，一定の条件のもとで閉じ込めておくことが求められる．それを実現したのが，デーメルトとパウルが確立したイオントラップ法（イオン捕獲法）である．

1950年代，パウルは静磁場を用いてはじめて，イオンを狭い空間に押し込む方法を開発した．デーメルトはさらにこの方法を発展させ，1973年，電磁場の作用で1個の電子を捕獲することに成功している．こうしたイオントラップ法によって，量子電磁力学の理論（「1965年」参照）のより詳しい検証が進んだのである．

1990

J. I. フリードマン Friedman, Jerome Isaac
1930-（アメリカ）

H. W. ケンドール Kendall, Henry Way
1926-1999（アメリカ）

R. E. テイラー Taylor, Richard Edward
1929-（カナダ）

「電子と核子の非弾性散乱によるクォーク模型の検証」

1909年，イギリスのマンチェスター大学で歴史に残る有名な実験が行われた．ラザフォードの指導のもと，ガイガーとマースデンが試みた金属箔によるα線の散乱実験がそれである．このとき，大部分のα線は直進するか，散乱されてもきわめて小さな角度であった．ところが，ごくわずかな割合ではあるものの，α線の一部は金属表面で反射され，手前に跳ね返されてくることが観測された．つまり，α線は90度以上の大きな角度で散乱されるわけである．

ガイガーとマースデンは8種類の金属について実験を行っているが，金属の原子量が大きくなるほど，手前に跳ね返されるα粒子の数が増える傾向が認められた．白金を例にとると，8000個に1個の割合でα粒子は90度以上の大角散乱を受けたのである．大部分のα粒子が散乱角2，3度以内の範囲に収まり，ほとんど直進することを考えると，金属内で何回も原子と衝突した結果，その重ね合わせとして90度以上も散乱される確率はゼロに等しかった．ということは，α粒子はたった1回の衝突で，原子から大角散乱されたのである．

ラザフォードはガイガーからこの実験結果の報告を受けたとき，「まるで砲弾を薄い紙にめがけて撃ったら，それが手前に跳ね返されてきたのを見たようにびっくりした」と後年，回想している（1925年，ニュージーランドのネルソンで行われた講演「電気と物質」）．要するに，原子には高速で近づいてくる荷電粒子に強い電気力を及ぼす"芯"（原子核）があったのである．そこから，α線の散乱角度分布に基づいて，ラザフォードは1911年，有核原子模型を発表している．

さて,それから60年後,今度は原子核を構成する核子の構造を探る,新しいタイプの"ラザフォード散乱実験"が電子を用いて,フリードマン,ケンドール,テイラーによって行われた.めざす標的はクォークである.

1964年,ゲル=マンは強い相互作用をするハドロン(核子や中間子)は内部構造をもち,クォークと呼ぶ基本粒子からできているとする説を発表した(「1969年」参照).

クォーク模型が提唱されて間もない1967年,フリードマンらはスタンフォード大学線形加速器センター(SLAC)で高エネルギーに加速した電子を液体水素(陽子)にぶつけ,散乱される電子のエネルギーと角度分布を測定した.このとき,彼ら3人はまさにラザフォードと同じ思いを抱いた.予想をはるかに大きく上回る数の電子が陽子の中で大角散乱され,跳ね返ってきたのである(受賞者の一人ケンドールははじめ,何かの間違いではないかと思ったという).この実験結果は,陽子の中に電子の進路を大きく曲げるほど強い力を及ぼす固い点状の"芯"が存在することを示していた.それがクォークにほかならない.

なお,1950年代,ホフスタッターがやはりSLACで行った実験により,原子核内の電荷分布を測定している(「1961年」参照).それから10年後,フリードマンらはホフスタッターのときよりも一桁以上高いエネルギーに加速した電子を用いて,陽子のさらに詳しい内部構造を突き止めたのである.

フリードマンらがノーベル賞を受賞した1990年にはすでに,クォーク模型はほぼ確立されていたが,彼らの研究はその実験的な礎を築いたのである.

1991

P. ドゥ・ジェンヌ　de Gennes, Pierre-Gilles
1932-2007(フランス)

「高分子や液晶など複雑な系の相転移に関する数学的研究」

1888年,オーストリアの植物学者ラインニッツァーは二つの融点をもつ物質を,植物の研究中に見つけた.この物質を熱すると,低いほうの融点で結晶から濁った液体へと相転移を起こし,さらに加熱すると高いほうの融点

で完全に透明な液体となった．その翌年，ドイツの物理学者レーマンは濁った液体が複屈折（光学的異方性をもつ結晶に光が入射すると，屈折光が二つに分かれる現象）を示すことに気がついた．そこで，彼はこれに液晶という名前をつけた（なお，温度が上がり，透明な状態になると，普通の液体と同様，こうした光学的異方性は消失する）．液晶は棒状の分子から成り，それらが同じ方向を指しながらも，自由に動きまわるという異方性をもった物質である．

つまり，それは結晶のように原子が秩序をもった配列をする相と液体のように原子がランダムな運動を見せる無秩序な相の中間の状態にあるわけである．物理学は秩序立った系を相手にするのは，最も得意とするところである．また，一方では，ランダムであっても，その構成要素の数が膨大であれば（液体や気体に含まれる原子，分子の数のオーダーになれば），統計的に扱って，その物質の特性をマクロな量によって記述する方法もあり得る．

ところが，秩序と無秩序の特徴が混在する，いわばどっちつかずの複雑系は，物理学が最も苦手とするところである．それだけに，20世紀に入り，固体物理学の研究が進む中，液晶の理論的解明は置き去りにされてきたきらいがある．

1960年代，ドゥ・ジェンヌは液晶の振る舞いを強磁性体とのアナロジーで解析する理論を組み立てた．強磁性体は原子の磁気モーメントが同じ方向に整列した秩序構造を取るが，温度の上昇とともに原子の熱運動が激しくなり，臨界温度に達すると，強磁性は消失し，秩序構造から無秩序構造へ相転移する．ドゥ・ジェンヌはこの現象を数学的に記述し，液晶に適用したのである．

液晶は微弱な電磁場に反応して分子の配列が変わり，光の反射率を変化させる特性をもつことから，今日さまざまなディスプレイに利用されていることはよく知られるとおりである．

1970年代にはいると，ドゥ・ジェンヌは高分子（ポリマー）の研究に着手した．高分子は単量体（モノマー）と呼ばれる分子の断片が化学結合によって長い鎖状につながった物質で，鎖の形態は複雑に変化する．そのため，化学的，物理的性質も多彩であることから，さまざまな工業製品に使わ

れている．

　こうした高分子は液晶同様，秩序と無秩序両方の特徴をもつことから，ドゥ・ジェンヌはそれを磁性体や超伝導物質に現れる臨界現象のアナロジーとしてとらえ，その数学モデルを構築した．そこから，高分子の新しい特性が予測され，それらの多くが後に実験で確認されるに至った．

　ドゥ・ジェンヌはノーベル賞受賞講演を「やわらかい物質」(Soft Matter)というタイトルで行っている．そこには固体物理学と呼ばれていた領域に，液晶や高分子といった既存の物理学が避けていたやわらかい物質を取り入れ，その守備範囲を大きく広げたという自負が込められていたのであろう．

1992　G. シャルパック　Charpak, Georges
1924-2010（フランス）
「粒子検出器，とくに多線式比例計数箱の発明と改良」

　ノーベル物理学賞の歩みをたどると，素粒子の検出器の開発で受賞した例は少なからず目につく．「霧箱の発明」のウィルソン（「1927年」参照），「霧箱の改良」のブラケット（「1948年」参照），「チェレンコフ効果の発見」のチェレンコフ（「1958年」参照），「泡箱の発明」のグレーザー（「1960年」参照），「泡箱の改良」のアルヴァレズ（「1968年」参照），そして1992年，「多線式比例計数箱の発明と改良」のシャルパックに至る系譜である．

　荷電粒子の検出器として従来から使われていた装置に，比例計数管がある．ガスを封入した管にワイヤーを通し，そこに粒子が飛び込むと電気が流れるという作動原理である．入射粒子の飛跡に沿って発生するイオン対(ペア)の数に比例して，イオン対の数が雪崩を打って増殖するしくみになっている．1968年，シャルパックがこの装置を大幅に改良したのが，多線式比例計数箱である．

　これはガスを詰めた箱に，直径 0.1 ミリメートル程度のワイヤーを 2，3 ミリメートル間隔で多数，並べたものである．ワイヤー群は陽極に接続され，それが平行に置かれた 2 枚の陰極の板に挟まれるように配置されている．この箱に粒子が入射すると，ワイヤーごとにその信号をとらえ，その

データは瞬時にコンピューターに送られる．このため，従来の比例計数管の欠点であった不感時間（粒子が入射しても信号をとらえられない時間）がなくなり，粒子の位置の精度も格段に向上した．そして，粒子の飛跡を3次元的に追跡できるようになったのである．

　素粒子物理学の実験ではとかく，新粒子の発見にスポットライトが当てられがちである．対照的に，検出器の開発は裏方的な存在で地味な印象を与えるようである．しかし，すぐれた検出器があってはじめて，新粒子の発見が可能となる．実際，J/Ψ 粒子も（「1976 年」参照），ウィークボソンも（「1984 年」参照），シャルパックが開発した装置によって発見されたことを忘れてはならない．

1993

R. A. ハルス　　Hulse, Russell Alan
1950- （アメリカ）

J. H. テイラー　　Taylor, Joseph Hooton
1941- （アメリカ）

「重力研究に新しい可能性を開いた新型パルサーの発見」

　1865 年，マクスウェルは電磁場が波動となり，真空中を光速で伝わることを理論的に導き出した．電磁波の予言である．それから 23 年後の 1888 年，ヘルツが火花放電を起こして電磁波を発生させ，それが横波であることを示した．このとき，電磁波は反射，屈折，偏りなど光と一致する性質をもつことが明らかにされた．また，ヘルツは定常波をつくり出し，その波長と振動数から，電磁波の伝播速度が光速であることを証明している．こうして，マクスウェルが予言した電磁波はヘルツの実験によって検出されたのである．

　話は変わって 1916 年，アインシュタインは一般相対性理論の帰結として，重力場が電磁場と同様，波動となり光速で真空中を伝わると予言した．しかし，電磁波の場合と異なり，重力波はアインシュタインの計算から一世紀になろうとしているいまも，直接とらえられてはいない．その最大の理由は，電磁気力に比べ重力が極端に弱いことにある．

たとえば，電子と陽子をある距離，隔てて置いたとする．両者は質量をもっているので，電子と陽子の間には重力がはたらく．また，両者は電荷をもっているので，電気的な引力もはたらく．このとき，電子と陽子がたがいに作用し合う重力の強さはなんと電気力の10^{40}分の1にすぎない．事実上，ゼロに等しい．かくも重力は弱いのである．それだけに，重力波の直接観測はきわめて難しいといえる．重力波はよく，"空間を伝わるさざ波"と形容されるが，さざ波とすらいえないほどの微弱さなのである．

　ところで，1974年，パルサーの観測を通してこのさざ波を間接的にではあるがとらえ，重力波の存在を示す有力な証拠を発見したのが，ハルスとテイラーである．

　ふつう，パルサーが電波を発する周期は高い精度で一定している（「1974年」参照）．これに対し，ハルスとテイラーが見つけたのは，周期が変動する新種のパルサーであった．ただし，周期の変動はランダムなものではなく，ある規則性をもっていた．彼らはこの原因が，パルサーが見えない伴星をもつ連星系を成していることにあるのではないかと考えた（2個の星がたがいに重力で引き合い，共通の重心のまわりを回転するのが連星系，2個のうち明るいほうを主星，暗いほうを伴星という）．

　地球から観測すると，パルサーは連星系の重心を基点にして地球に近づいたり，遠ざかったりしている．接近，後退を周期的にくり返しているわけである．そのため，ドップラー効果により，パルサーが放出するパルス電波の周期に変調が生じる．つまり，パルサーが地球に近づきつつあるときはパルスの周期が短くなり，遠ざかりつつあるときは周期が長くなる．こうした連星パルサーの存在を仮定した解釈の正しさは，観測データによって証明されたのである．

　さらに，ハルスとテイラーは連星パルサーを発見しただけでなく，そこから重力波の間接的な証拠をとらえたのである．それは，連星パルサーが共通の重心をまわる公転周期が徐々に減少していることであった．

　連星はたがいに，この重心を焦点にもつ楕円軌道を描く．つまり，ケプラーの法則に従って運動している．質量は太陽程度ながら，高密度に凝縮した中性子星であるパルサーは強い重力場をもつので，それが楕円運動を行う

と，軌道に沿った空間の重力場が激しく変化する．その結果，重力波が放出される．重力波の放出により，パルサーは徐々にエネルギーを失うので，それに伴い，公転軌道は縮小していく．公転軌道が小さくなればケプラーの法則に従い，公転周期も少しずつ短くなる．

というわけで，連星パルサーが一般相対性理論の予言どおり，重力波を出している証拠が，間接的ながら得られたのである．

さて，そうなると，次の課題は間接的ではなく，直接，重力波をつかまえることになる．それには超新星爆発，中性子星の連星やブラックホールの連星の合体など，巨大な質量をもつ天体の現象を利用して，観測を続ける必要がある．現在，日本では初の重力波直接検出をめざし，大型低温重力波望遠鏡（Large-scale Cryogenic Gravitational wave Telescope, LCGT）の建設が進められている．電磁波だけでなく，重力波の観測を通して宇宙を眺める新しい天文学の幕開けが到来しようとしているのである．

1994

B. N. ブロックハウス Brockhouse, Bertram Neville
1918-2003（カナダ）

C. G. シャル Shull, Clifford Glenwood
1915-2001（アメリカ）

「中性子散乱技術の開発」

ブロックハウスとシャルが中性子散乱を利用して，固体や液体の物性に関する知見を得る技術を開発したのは，1940年代後半から1950年代にかけてであった．したがって，二人がノーベル物理学賞を受賞するまで半世紀近くを要したことになるが，それはその間に，彼らが開発した技術が一大領域へと発展し，物理学だけでなく化学，生物学，生命科学，物質工学などじつに広範囲の分野で，有用な解析手段として利用されるようになった証であろう．

1912年，X線回折によって結晶の原子配列を求めたのはブラッグ父子である（「1915年」参照）．基本的には中性子においてもX線と同じように，波としての回折が見られる．粒子と波の二重性から中性子にも波動性が付与

されており，しかも原子炉から放出される中性子の場合，その波長が結晶中の原子同士の間隔とおおむね等しいからである．したがって，中性子を用いてもブラッグ反射が起きるわけである．

このとき，中性子がスピンをもつ特徴に注目したのがシャルである（X線にはそれがない）．中性子は微小な磁石として振る舞うので，磁性体の磁気モーメントと相互作用する．これはX線回折では得られない情報である．その結果，磁性体の詳しい磁気構造の解明が可能となったのである．また，X線回折では難しかった物質内における水素原子の配置の決定（生体物質の研究でとくに重要）にも，中性子回折は威力を発揮した．

ところで，中性子は電荷を帯びていないので，電気的な反発力を受けずに原子核に接近し，衝突することができる．その結果，中性子は原子核とのさまざまな反応を通してエネルギーの受け渡しを行い，非弾性散乱される．つまり，中性子が失った分，原子核は高いエネルギー準位に励起される．ブロックハウスはこうした非弾性散乱を利用して，結晶内の原子振動，液体中の粒子の拡散，磁性体内の磁気モーメントの乱れなどの精密な測定を行ったのである．

さらに，シャルとブロックハウスがその基礎を築いた中性子散乱技術は今日，超伝導物質，ウイルス，高分子などの解析にも応用されるようになっている．

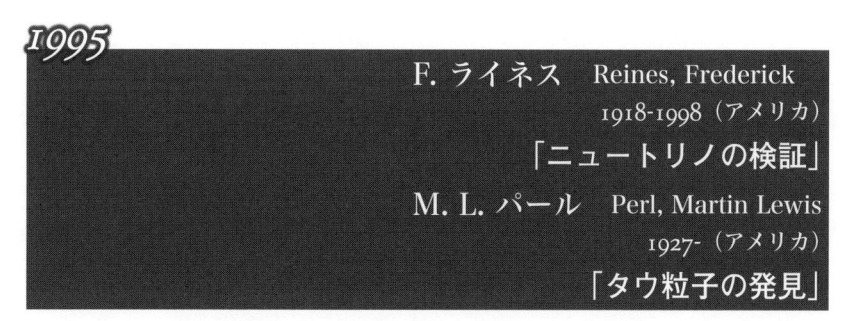

1995

F. ライネス　Reines, Frederick
1918-1998（アメリカ）
「ニュートリノの検証」

M. L. パール　Perl, Martin Lewis
1927-（アメリカ）
「タウ粒子の発見」

ノーベル物理学賞の中には業績を挙げた翌年というスピード受賞もあれば，逆に何十年も待たされ，やっと栄誉に輝いたという例もある．1995年に受賞したニュートリノの発見者ライネスは，後者の典型例である．

原子核のβ崩壊の観測から，質量がほとんどゼロで電荷をもたない未知の粒子（ニュートリノ）の存在が理論的に予言されたのは，1930年代のことであった．しかし，その検出は困難をきわめた．ニュートリノは強い相互作用をせず，粒子とほとんど反応しないため，すべての物質がニュートリノにとっては"透明"になってしまうからである．したがって，ふつうの粒子検出器が役に立たず，つかまえるのは至難の技であった．

　そこで，ライネスとコーワンは1956年，原子炉を線源にする強度の高い反ニュートリノ（ニュートリノの反粒子）を用いて，その検出を試みた．反ニュートリノがごく低い確率ではあるが，水に含まれる陽子と反応すると，陽子は中性子に転化し，陽電子が放出される．陽電子はすでに水中で電子と対消滅を起こし，2個の光子（γ線）が発生する（「1933年」参照）．一方，陽子が転化した中性子は少し遅れて，水に混入されたカドミウムの核に吸収され，数個の光子（γ線）を放出する．このとき，放出されるこれらの光子のエネルギーは既知なので，光子を測定すれば，反ニュートリノが陽子に吸収されたことが証明される．つまり，光子を通して，ニュートリノ（この場合はその反粒子であるが）の存在を検証したわけである．

　その後，1962年，レーダーマン，シュワルツ，シュタインバーガーの3人がパイ中間子がミュー粒子を放出して崩壊する過程で発生するニュートリノを陽子に吸収させる実験を行った．ところが，その反応のしかたから，ミュー粒子とともに発生するニュートリノは，β崩壊によって電子とともに発生するニュートリノとは異なることが明らかにされた．つまり，2種類のニュートリノが存在したのである（「1988年」参照）．

　そこで，ライネスとコーワンが発見した電子とペアをなす第1世代のニュートリノを電子ニュートリノ，一方，レーダーマンらが発見したミュー粒子とペアをなす第2世代のそれをミューニュートリノと呼んでいる．

　ところが，ノーベル物理学賞の受賞の順番は，第2世代を発見したレーダーマンらが先になり，第1世代の発見者ではじめてニュートリノの検出に成功したライネスのほうが後まわしとなったのである（ライネスの共同研究者コーワンは1974年，55歳で亡くなっていた）．

　こうした受賞の順番に逆転現象が起きた一つの要因は，レプトン（強い相

互作用をしない素粒子）に電子と電子ニュートリノのペア，ミュー粒子とミューニュートリノのペアという世代構造が見られる点が，まずは重要視されたからなのであろう（そして，1988年の受賞者の席はレーダーマンら3人の共同研究者によって，占められてしまったことも，もう一つの要因のような気がする）．

　ライネスと同時受賞したパールは，1975年，スタンフォード線形加速器センター（SLAC）で第3世代のレプトンとなるタウ粒子とその反粒子を発見している．ミュー粒子の質量は電子の約200倍であるが，タウ粒子の質量はなんと電子の約3500倍にも達する超重量級であった（これは陽子の質量の2倍近い）．

　なお，タウ粒子が発見されると，それとペアをなすタウニュートリノの存在が理論的に予言された（タウニュートリノはパールのノーベル賞受賞から5年後の2000年，フェルミ研究所で発見されることになる）．

　こうしたレプトンの発見と並行して，クォークも2種類ずつペアをなす第1世代から第3世代までの存在が確認され（「1969年」，「1976年」参照），レプトンとともに3組12種類が知られている．これが素粒子の標準理論の枠組みである．

　第3世代のレプトンを発見したパールとニュートリノの最初の発見者であるライネスが——レーダーマンらよりは後まわしにされたものの——同時受賞となったのは，このような20世紀後半における素粒子物理学の発展史をたどってみると，結果としては，うなずけるような気がする．それは創始者と完結者の組み合わせとも見なせるからである．

　なお，あえてもう一言つけ加えれば，ライネスの共同研究者であったコーワンが1995年まで存命であったとすれば，彼もまた同時受賞の栄に浴したのではないかと思う．ノーベル賞科学部門の3人枠を満たすバランスの取れた授賞になるからである．

1996

D. M. リー　Lee, David Morris
　　　　　　　　　　1931- （アメリカ）
D. D. オシェロフ　Osheroff, Douglas Dean
　　　　　　　　　　1945- （アメリカ）
R. C. リチャードソン　Richardson, Robert Coleman
　　　　　　　　　　1937-2013 （アメリカ）

「ヘリウム3の超流動の発見」

　1908年，カマーリング・オンネスが最後まで液化を拒んでいたヘリウムの攻略に成功し，液体ヘリウムを手に入れた．これによって極低温における物性の研究が可能となり，1911年には，カマーリング・オンネス自身により，超伝導が発見された（「1913年」参照）．さらに1937年，カピッツァが2.2 K の臨界温度で液体ヘリウムが超流動状態に相転移することを発見している（「1962年」，「1978年」参照）．なお，カピッツァが発見した超流動はヘリウム4が起こす現象である．臨界温度を境に，ヘリウム4はボース-アインシュタイン統計に従い，一定の条件下で最小エネルギーの量子状態に凝縮するのである（「2001年」参照）．

　ところで，ヘリウムにはその組成比が0.0001パーセントときわめて少ないが，質量数3の同位体（ヘリウム3）が存在する．そこで，ヘリウム3も超流動状態に相転移することが予想されてはいたが，実験はなかなか成功しなかった．ヘリウム4の臨界温度に比べきわめて低い温度を実現しても，ヘリウム3の超流動は起きなかったのである．したがって，その発見の鍵を握るのは，絶対零度に向けて降下する低温技術の進歩ということになった．

　1971年，リー，オシェロフ，リチャードソンは独自に開発した冷却装置を用いて0.002 Kの極低温を実現し，ついにヘリウム3が超流動を示すことを確認したのである．彼らによる発見は，ミクロの世界に適用される量子論の法則が物質のマクロな現象を通してとらえられることを表していた．

1997

S. チュー Chu, Steven
1948- (アメリカ)

C. コーエン゠タヌジ Cohen-Tannoudji, Claude
1933- (フランス)

W. D. フィリップス Phillips, William Daniel
1948- (アメリカ)

「レーザーによる原子の冷却・捕捉技術の開発」

19世紀すでに，マクスウェルの電磁気理論から，光（電磁波）は物体に吸収，反射される際，力を及ぼすことが知られていた．これを光の放射圧という．放射圧の強さはきわめて微弱ではあるが，1903年その測定にはじめて成功したのはアメリカのニコルスとハルである．彼らはねじり秤（金属線で物体を吊るし，偶力を作用させたときのねじれの角度を測り，偶力のモーメントを求める装置）に光の反射率の高い円盤を吊るし，真空容器内で円盤に光を瞬間的に当てる方法で放射圧を測定している．その結果，光の圧力の値はマクスウェルの理論値と一致したのである．

ところで，当時は実験に自然光を用いるほかはなかったが，20世紀の後半に入ると，放射圧の影響をミクロのレベルで観測するに適した人工的な光が開発される．指向性にすぐれたレーザー光である（「1964年」参照）．そこで，レーザー光の放射圧を利用して気体原子の動きを減速させ（温度を下げ），気体の状態のまま（つまり，液体や固体への相転移を起こさずに）冷却する技術を，1980年代半ばから90年代にかけて確立したのが，チュー，コーエン゠タヌジ，フィリップスの3人の受賞者である．

気体原子がレーザー光を吸収すると，光子がもっていた運動量を受け取り（その方向に押され），高いエネルギー状態に励起される．しばらくすると，原子は自然放出によって光子を吐き出すが，放出される光子の方向は等方的なので，吸収と放出をくり返すにつれ，原子が受ける放射圧には光子の吸収による力が蓄積されていく．その際，原子とレーザー光の相対運動によって生じるドップラー効果を考慮して，原子に逆方向から2本のレーザー光を当てて挟み撃ちにすると，原子を狭い空間に静止に近い状態で閉じ込めること

が可能となる．

　1985 年，チューはこの原理を応用し，ナトリウム原子を 1 万分の 1 K のオーダーまで冷却することに成功した．また，フィリップスはチューの方法を改良，ナトリウム原子の冷却温度をさらに 1 桁下げ，磁場の中で捕獲できることを示している．さらにコーエン=タヌジは励起状態にある原子が光子を自然放出するとき受ける反跳を低く抑える方法を開発し，セシウム原子を用いて，1995 年，1000 万分の 1 K のオーダーという冷却温度を達成している．室温で気体原子の平均速度は毎秒数百メートルになるが，コーエン=タヌジが達成した温度では，原子の速度はじつに毎秒 2 センチメートルという超低速まで下っていたのである．

　こうした原子冷却技術はその後，さらに発展を遂げ，気体原子でボース-アインシュタイン凝縮を観測するという実験が成されるに至るのである（「2001 年」参照）．

1998

R. B. ラフリン　　Laughlin, Robert Betts
1950- （アメリカ）

H. L. シュテルマー　　Störmer, Horst Ludwig
1949- （ドイツ）

D. C. ツーイ　　Tsui, Daniel Chee
1939- （アメリカ）

「分数電荷の励起を伴う新しい量子流体の発見」

　絶対零度付近の極低温の世界に一歩，足を踏み入れると，超伝導（「1913 年」，「1972 年」，「1987 年」参照），超流動（「1962 年」，「1978 年」，「1996 年」参照），ボース-アインシュタイン凝縮（「2001 年」参照）など，量子化に起因する物質の不思議な振る舞いが現出する．1998 年，ノーベル物理学賞を受けたラフリン，シュテルマー，ツーイの研究もその一つである．

　半導体を流れる電流に垂直に磁場を作用させると，電流と磁場の両者に垂直な方向に電圧が生じ，電流が誘導される（これをホール効果という）．この現象は 19 世紀後半に知られていたが，それから 1 世紀後，フォン・ク

リッツィングがある条件のもとでホール効果に量子化現象が見られることを発見した（「1985年」参照）．2種類の半導体を接合し，そこに垂直に強磁場をかけると，発生するホール電流の抵抗がある値を単位として，その整数倍に変化することが発見されたのである．接合面という2次元空間に閉じ込められた電子の挙動による現象であった．

1982年，ツーイとシュテルマーはフォン・クリッツィングが発見した量子ホール効果の条件のもと試料を0.47Kの極低温まで冷却したところ，誘導されたホール電流の抵抗が分数電荷の存在を示したのである．クォークが分数電荷をもつことは知られていたものの（「1969年」，「1976年」，「1990年」参照），固体物理の現象としてそれが確認されたのは，彼らの実験がはじめてであった．

その翌年，分数電荷を伴う量子ホール効果を理論的に説明したのが，ラフリンである．強力な磁場と極低温という条件がそろうと，狭い領域に押し込められた電子は，量子効果によって相互作用が強くなり，全体として量子流体と呼ばれる相を形成すると，ラフリンは考えた．このとき，電子が2種類の半導体の接合面内で2次元にしか動けないと，電子が形成する量子流体はフェルミオン（一つのエネルギー準位に1個しか入れない粒子）でもボソン（一つのエネルギー準位に何個でも詰め込まれることが可能な粒子，「2001年」参照）でもなく，それまで知られていなかった第3の粒子状態（これはエニオンと呼ばれた）になるというのである．そして，このエニオンは分数電荷をもつことが証明された．

ところで，1998年のノーベル物理学賞授賞挨拶を行った，スウェーデン王立科学アカデミーのジョンソンは次のような興味深い言葉を語っている．「科学とテクノロジーはたがいに刺激し合いながら発展していく．それでは，今年の授賞研究は何か新しいテクノロジーにつながるのであろうか．ここで，1世紀前のことを思い出してほしい．電子が発見されたとき，その有用性が必ずしも予見されたわけではなかった．分数電荷の量子流体がどのような形でテクノロジーに生かされるのかは，若い人たちのこれからの活躍にかかっているのであろう．」

まさしく，そのとおりだと思う．

1999

M. J. G. フェルトマン　Veltman, Martinus Justinus Godefriedus
1931-（オランダ）

G. トホーフト　't Hooft, Gerardus
1946-（オランダ）

「電弱相互作用の量子構造の解明」

　1940年代，朝永振一郎，シュウィンガー，ファインマンは独立に，電磁相互作用の計算に現れる無限大の難問（電子が自分のつくる電磁場と相互作用するとき，質量や電荷が無限大に発散してしまうという矛盾）を，くりこみ理論という手法で解決していた（「1965年」参照）．一方，1960年代に入ると，グラショー，ワインバーグ，サラムによって，弱い相互作用と電磁相互作用を統一した枠組みで扱う理論が提唱された（「1979年」参照）．しかし，彼らが導いた電弱統一理論では，量子電磁力学で成功を収めたくりこみ理論を弱い相互作用にも適用するということは成されていなかった．

　この問題の重要性はワインバーグも十分，認識し，研究に取り組んだが，ほとんど進展が見られなかったと，本人がノーベル賞受賞講演で語っている．

　同じころ，もう一人，電弱統一理論に現れる無限大の難問に取り組んでいたのが，フェルトマンである．そして，フェルトマンからその課題を提示されたのが，トホーフトであった（当時，フェルトマンはユトレヒト大学の大学院生であったトホーフトの指導教授）．

　1971年，トホーフトは24歳の若さで，ワインバーグらノーベル賞受賞者も解決できなかった難問を征服し，くりこみ理論が弱い相互作用にも適用できることを数学的に証明したのである．電磁相互作用のゲージ粒子（力を媒介する粒子）である光子は，質量がゼロである．これに対し，弱い相互作用は到達距離が非常に短いことから，そのゲージ粒子であるウィークボソンの質量はかなり大きいことが予想されていた（ウィークボソンは1983年，CERNで行われた衝突実験で発見されるが，質量は陽子の100倍ほどにも達していた．「1984年」参照）．つまり，ゲージ粒子の質量がゼロでなく有限であっても，くりこみという計算方法が使えることをトホーフトは示し，そ

の一般化に成功したのである．

その後，トホーフトはフェルトマンとともに1971年の論文の精緻化を行った．また，彼らは場の量子論に見られる無限大への発散を回避する次元正則化法と呼ばれる理論を提唱している．

トホーフトとフェルトマンの研究はこうして，電弱統一理論の信頼性を高め，それがCERNにおけるウィークボソンの発見へもつながったのである．

なお，1953年，「位相差顕微鏡の発明」でノーベル物理学賞を受けたゼルニケはトホーフトの大おじに当たる．

2000

Z. I. アルフョロフ　Alferov, Zhores Ivanovich
1930-（ロシア）

H. クレーマー　Kroemer, Herbert
1928-（ドイツ）

「光エレクトロニクスに使われるヘテロ構造半導体レーザーの開発と集積回路の発明」

J. S. キルビー　Kilby, Jack St. Clair
1923-2005（アメリカ）

「情報通信技術の基礎的研究，とくに集積回路の発明」

ノーベル物理学賞の歴史の中では，純粋物理学の業績だけでなく，技術的色彩の濃い研究にも授賞がなされている．初期のころの例でいえば，「干渉現象によるカラー写真の研究」（「1908年」参照），「無線通信の開発」（「1909年」参照），「灯台や灯浮標の照明用ガス貯蔵器の自動調節装置の発明」（「1912年」参照）などがそれに該当する．20世紀後半に入って授賞が行われた半導体，トランジスター，レーザー関連の研究もその範疇といえるであろう（「1956年」，「1964年」，「1971年」，「1973年」，「1981年」参照）．また，電子顕微鏡も装置の開発という視点でとらえれば，そうした系譜に数えてもよいかもしれない（「1986年」参照）．

さて，2000年のノーベル物理学賞の対象となった光エレクトロニクスに使われるヘテロ構造半導体レーザーの開発と集積回路の発明は，まさに技術

分野に贈られたノーベル賞の象徴といえる．

　1960年代に入ると，レーザーを小型化し，光の増幅率と励起効率を上げるため，半導体のpn接合の利用が注目されはじめる．接合部に電圧をかけ，そこに電子と正孔を注入することで反転分布（「1964年」参照）を促そうというアイデアである．1962年にはアメリカで4.2 Kに冷却したガリウム・ヒ素のpn接合でレーザー発振が報告されたが，この半導体レーザーは極低温でしか使えないという難点があった．

　そこで，アルフョロフとクレーマーは独立に格子定数（結晶内の原子の配列のしかた）が一致する2種類の半導体を組み合わせた（これをヘテロ構造という）レーザーの研究を進めた．その結果，1970年には，室温で連続発振が実現され，わずかな電力で作動する，1ミリメートル以下のサイズのレーザーがつくり出された．これによって，通信速度が大幅に向上した．また，CDプレーヤー，バーコードリーダー，レーザーポインターなどへも応用されるようになったのである．

　一方，キルビーは1958年，1枚の半導体基盤上にトランジスター，抵抗，コンデンサーなどの部品を組み込んで電子回路の機能をもたせるというアイデアを抱き，その開発に取り組んだ．これが集積回路（IC）である．集積回路はトランジスターや微細工加工技術の進歩と相まって，情報量の増大，小型化，軽量化，低廉化が進み，さまざまな情報通信技術に活用されるようになったのである．

　アルフョロフ，クレーマー，キルビーの実用に直結した業績は，素粒子，物性の量子効果，重力波など20世紀末の授賞対象となった純粋物理学とはかなり性格が異なる．にもかかわらず，20世紀最後の年に，彼らが受賞したことは，現代社会において，情報通信技術が担う役割がいかに大きいかを物語っているのであろう．ノーベル賞はそうした時代状況についてのメッセージを発信したのである．

2001

E. A. コーネル Cornell, Eric Allin
1961- (アメリカ)

W. ケターレ Ketterle, Wolfgang
1957- (ドイツ)

C. E. ウィーマン Wieman, Carl Edwin
1951- (アメリカ)

「アルカリ気体のボース-アインシュタイン凝縮の成功とその基本的性質の研究」

1900年,プランクが量子仮説を提唱することになる熱放射のエネルギー分布を導いたとき(「1918年」参照),電磁波を放射する微小な振動体が取り得る状態の確率分布はボルツマンの統計力学によって記述されていた.つまり,プランクの式は古典物理学と量子論の折衷案の産物だったわけである.

1923年,折衷案ではなく,量子論に基づく新しい統計を創案し,そこからプランクの式が自然に導出されることを示したのが,インドのボースである.

電子の場合,パウリの排他原理(「1945年」参照)がはたらくので,一つのエネルギー準位には1個の電子しか入ることができない.したがって,多数の電子から成る系を扱う場合,電子は低いエネルギー準位から順に1個ずつ席が割り当てられていく.そのため,系全体としては最も低いエネルギー状態が実現しても,個々の電子は低い準位から高い準位まで,そのエネルギーが分布するわけである.

一方,ボースが創案した量子統計に従うと,電子と異なり,光子はこうした制約を受けず,一つのエネルギー準位に何個でも収まることが可能となる.

そこで,電子のようなエネルギー分布を取る粒子(ほかに陽子や中性子など)をフェルミオン,光子のような分布を取る粒子(ほかに中間子など)をボソンと呼んで区別している.両者の違いは,粒子のスピンの値により,偶数個のフェルミオンからなる粒子はボソンに,奇数個のフェルミオンからな

る粒子はフェルミオンのままである.

　さて,ボースは光を光子からなる気体と見なして量子統計を組み立てたわけであるが,1925年,アインシュタインはボースの理論を気体原子に適用し,そのエネルギー分布を計算してみた.すると,ボソンとして扱える原子の場合,原子に固有の臨界温度(およそ100万分の1K以下という超極低温)まで下がると突然,すべての原子がいっせいに最低エネルギー準位に飛び降りてしまうという相転移が起きることが予測された.臨界温度以下では,大量の原子が同じエネルギー準位に"凝縮"するというのである.この現象を「ボース-アインシュタイン凝縮」と呼ぶ.

　なお,ここでいう「凝縮」とは粒子同士が引力で接近し,その密度が高くなる現象を指すのではない.そうではなく,原子のエネルギー分布が最低状態に集中するという意味での凝縮である.それは引力の作用によるのではない,量子論の効果による凝縮である.

　ところで,ドゥ・ブローイが提唱した物質波の概念に従うと,粒子には運動量に反比例した波長(ドゥ・ブローイ波長)の波が付随する(「1929年」参照).そこで,気体を冷却すると原子の動きは鈍くなり,その分,運動量は小さくなるので,対応するドゥ・ブローイ波長は大きくなる.同時に,量子論の効果も顕著になる.そして,ボース-アインシュタイン凝縮が起きるところまで温度が降下すると,原子のドゥ・ブローイ波長は原子間の平均距離よりも大きくなり,物質波同士が重なり合ってくる.その結果,レーザー光と同じように物質波の位相がそろい,大量の気体原子が全体で一つの大きな波として振る舞うようになる.大きな波の粒子性に注目すると,ボース-アインシュタイン凝縮を起こした原子系は全体がひと塊となり,1個の"巨大原子"と見なせるようになる.

　しかし,アインシュタインがこうした相転移を予言した1925年当時,100万分の1Kという臨界温度まで冷却できる技術はまだ存在せず,理論を確かめることはできなかった.ところが,1980年代に入り,レーザー冷却技術が発展したことにより(「1997年」参照),それがにわかに現実味を帯びてきた.

　1995年,コーネル,ケターレ,ウィーマンはレーザー冷却で到達できる

限界まで温度を下げた気体原子に，さらに蒸発冷却を施し，100万分の1K のオーダーに達する超極低温をつくり出した．ここで蒸発冷却とは，気体の中で相対的に高いエネルギーの原子を磁場をかけて取り除き，原子系のエネルギー分布をより低温の状態にもっていく方法である．

これによって，コーネルとウィーマンはルビジウム原子で，ケターレはナトリウム原子で，ボース–アインシュタイン凝縮の観測に成功したのである．気体のように原子同士の相互作用が弱い系でこの現象が確認されたのははじめてである．

ケターレは凝縮によって生じた"巨大原子"をレーザー光で二つに分割した後，それらを再結合させると，二つの波の重ね合わせによる干渉パターンが現れることを示している．これは"巨大原子"が位相がそろった物質波であるからこそ見られる現象である．こうした特性から，ボース–アインシュタイン凝縮は精密な干渉計などへの応用も期待されている．

2002

R. デイヴィス　Davis, Raymond
1914-2006（アメリカ）

小柴　昌俊　Koshiba, Masatoshi
1926-（日本）

「天体物理学，とくに宇宙ニュートリノの検出に関する先駆的な貢献」

R. ジャコーニ　Giacconi, Riccardo
1931-（アメリカ）

「宇宙X線源の発見に導いた天体物理学への先駆的な貢献」

物質とほとんど相互作用しないニュートリノの検出にはじめて成功したのは，1956年，ライネスとコーワンである（「1995年」参照）．このときは原子炉を使って実験が行われた．その6年後，レーダーマンらはニュートリノには電子ニュートリノとミューニュートリノの2種類が存在することを突き止めた（「1988年」参照）．このときは加速器を使って実験が行われた．さらに2000年，フェルミ研究所の加速器で3番目となるタウニュートリノが

発見されるに至っている．

　ところで，ニュートリノは宇宙からもやって来る（ただし，そのほとんどはそのまま地球を貫通して，何の痕跡も残さず飛び去っていくが）．その放射源の一つが太陽である．太陽の中心部で進行する核融合によってニュートリノが発生する．ニュートリノは発生するとすぐに太陽の内部を通り抜け，宇宙空間に飛び出していくので，ニュートリノを観測すれば太陽の中心で起こっている核融合のプロセスを検証できることになる．

　そこで，デイヴィスはサウスダコタ州の地下1000メートルの廃坑に検出器（6000トンの液体四塩化エチレンを満たしたタンク）を設置した．ここまで深く潜れば，ほかの宇宙線を遮断でき，ノイズを抑えてニュートリノの観測が期待できるからである．ごく低い確率ではあるものの，ニュートリノが塩素の原子核に衝突すると，そのとき進行する核反応の生成粒子を通し，ニュートリノの飛来が確認されるのである．こうした実験原理に基づき，デイヴィスは1969年，太陽で生まれたニュートリノの検出にはじめて成功した．

　一方，小柴昌俊にノーベル賞をもたらした実験装置は岐阜県神岡町（現 飛騨市）の地下1000メートルにある坑道内に建設された「カミオカンデ」である．これは直径10メートル，高さ16メートルの円筒形のタンクに3000トンの純水を満たし，タンクの内壁に1000個の光電子増倍管をびっしりと取り付けた検出器である．名前の由来は「Kamioka Nucleon Decay Experiment」の頭文字を取ったものである．名前にあるとおり，この装置は当初，陽子（核子）の崩壊実験を目的としてつくられた．

　1970年代に電磁相互作用と弱い相互作用の統一が図られた（「1979年」，「1999年」参照）．そうなると次の段階として，そこに強い相互作用を加え，三つの力をまとめて記述する大統一理論の模索がはじまった．その流れの中で出てきた重要な予測の一つが，陽子は永遠に安定に存在するのではなく，有限の寿命で崩壊するというものであった．ただし，有限とはいっても，理論がはじき出した陽子の寿命は約 10^{30} 年のオーダーというとてつもなく長いものであった（ちなみに宇宙の年齢は約 10^{10} 年であるから，その 10^{20} 倍になる）．

ただし、この数値は平均の寿命である。換言すれば 10^{30} 個の陽子（1000トンほどの水）を集めれば、確率として、毎年、1個ずつくらいの割合で陽子が壊れる計算になる。カミオカンデはこれを検出すべく、1983年から観測を開始した。ところが、3年間、実験を続けても、期待された兆候は現れなかった（計算された値よりも陽子の寿命は長かったのである。さらにいえば、計算の前提が間違っていた可能性もある）。

そこで、方針が変更され、1986年、カミオカンデを太陽から飛来するニュートリノの検出用に改修し、1987年の1月から、その観測が行われた。このとき、ドラマが起きた。1987年2月、16万光年の距離にある大マゼラン星雲で超新星が爆発したのである（正しくはその16万年前に起きた現象を伝える光が、このとき地球に届いたということになる）。

星が一生を終え、重力崩壊をして中性子星（「1974年」参照）になると、その瞬間、ニュートリノが放出されると考えられている。はたして、カミオカンデのデータを解析すると、12個のニュートリノの信号がとらえられていた。ニュートリノが水を構成する原子核に衝突すると発生した粒子は、水中で光のスピードを超えて走り、チェレンコフ放射（「1958年」参照）が生じる。これをタンクの内壁を埋め尽くす光電子増倍管がキャッチしたのである。

肉眼で見える超新星の出現は、17世紀のはじめ、ケプラーが記録を残して以来、じつに400年ぶり近くの出来事であった。そう考えると、カミオカンデを陽子崩壊実験からニュートリノ観測へ切り替えた時期に合わせるかのように超新星爆発が起きたタイミングのよさには、科学研究のめぐり合わせの妙と歴史の面白さを感じる。そして、「偶然は準備のできていない人は助けない」というパスツールの言葉を思い出す。

超新星から飛来したニュートリノの信号を初めてとらえた観測は、素粒子の反応を通して星の一生を探る貴重なデータをもたらした。こうして、デイヴィスと小柴はニュートリノ天文学という新しい分野を切り開いたのである。

ところで、人間は長らく、光学望遠鏡だけで宇宙を眺めてきたが、20世紀後半に入るころから、電波望遠鏡が開発され、可視光以外の波長領域の電

磁波も観測に利用するようになってきた（「1974 年」，「1978 年」参照）．電波に加え，可視光よりも波長の短い X 線を通して宇宙の新しい姿を眺めようとしたのが，ジャコーニである．

ジャコーニは 1962 年，感度を大幅に改良した X 線検出器をロケットに搭載して打ち上げ，太陽系の外に X 線源となる天体が存在することをはじめて発見した．ジャコーニが切り開いた X 線天文学は 1970 年代に入ると，それ専門の観測衛星の打ち上げにより，ブラックホール，パルサー，超新星，銀河団などについての情報を蓄積するに至っている．

今日，あらゆる波長域の電磁波，ニュートリノをはじめとする粒子，そして重力波までもが，われわれに宇宙を知る手がかりを与えてくれているわけである．

2003

A. A. アブリコソフ　Abrikosov, Alexei Alexeyevich
1928-（アメリカ）

V. L. ギンツブルク　Ginzburg, Vitaly Lazarevich
1916-2009（ロシア）

A. J. レゲット　Leggett, Anthony James
1938-（アメリカ）

「超伝導と超流動の理論に関する先駆的研究」

超伝導に関しては 1913 年，1972 年，1987 年の 3 回，超流動に関しても 1962 年，1978 年，1996 年の 3 回，それぞれの業績がノーベル物理学賞の授賞対象に選ばれている．前者は極低温で電気抵抗が消失し，後者は流体の粘性が消失する現象であり，いずれもミクロの世界の特徴である量子論の効果がマクロの世界で見られる現象である．2003 年のノーベル物理学賞はこうした共通性をもつ二つの現象にそれぞれ理論研究の面で貢献したアブリコソフ，ギンツブルク，レゲットの 3 人に贈られた．

1933 年，マイスナーとオクセンフェルトは金属に弱い磁場をかけて冷却し，超伝導状態にすると，磁束が金属内に侵入せず，外へ排除される現象（マイスナー効果）を発見した．この現象は超伝導体が完全反磁性となるこ

とを示していた．1938年，ロンドン兄弟がマイスナー効果の理論的説明を行っている．しかし，ロンドン理論は超伝導が磁場に及ぼす影響は現象論的に記述できたものの，磁場の影響により超伝導が消失するという実験結果を説明することはできなかった．

1950年，ギンツブルクはランダウと共著論文を発表し，電流と磁場がある臨界値に達すると超伝導がどのように壊れるかを記述する理論を提示したのである．彼らはオーダーパラメーターと呼ばれる無次元の量を導入し，超伝導状態の秩序の度合いを与える方程式を導き出した．そして，超伝導が失われる臨界値の測定結果と彼らの理論がよく一致することが証明されたのである．また，ギンツブルク-ランダウ理論はその後，素粒子論など物理学のほかの分野でも応用されるようになった．

ところで，超伝導物質の中には臨界磁場を超えると，磁場は内部に侵入するものの，電気抵抗はゼロのまま，超伝導と常伝導状態が混在する性質のものがある．これを第2種超伝導体と呼ぶ（多くの合金がこれにあたる）．1954年，アブリコソフはギンツブルク-ランダウ理論に基づき，磁束を量子化した"渦"を導入して，超伝導と常伝導が混在する複雑な振る舞いを理論的に説明するのに成功したのである．

さて，3人目の受賞者となったレゲットは1972年，ヘリウム3の超流動の理論を発表している（この現象がリーらの実験によって発見されたのはその前年である．「1996年」参照）．同じ超流動でも，ボソンに属するヘリウム4がボース-アインシュタイン凝縮（「2001年」参照）によってその現象を表すのに対し，フェルミオンであるヘリウム3はその振る舞いのしかたが基本的に異なっている．レゲットはヘリウム3の原子は内部自由度をもって対(ペア)をつくり（この点が超伝導の電子が形成するクーパー対(ペア)と異なる．「1972年」参照）．ギンツブルク-ランダウ理論のオーダーパラメーターの成分もそれだけ多くなると考え，新しいタイプの超流動を理論的に解明したのである．

それにしても，この年のノーベル物理学賞の業績を眺めると，あらためてランダウ（「1962年」参照）の偉大さを思い知らされる．

2004

D. J. グロス　Gross, David Jonathan
1941- (アメリカ)

H. D. ポリツァー　Politzer, Hugh David
1949- (アメリカ)

F. ウィルチェック　Wilczek, Frank
1951- (アメリカ)

「強い相互作用の理論における漸近的自由性の発見」

核子（陽子と中性子）や中間子などのハドロンはクォークによって構成されている（「1969年」，「1976年」参照）．そして，素粒子の標準理論によると，6種類のクォークと6種類のレプトン（電子やニュートリノ）が物質の素材となる究極の要素と考えられている．

では，クォークはハドロンの中ではどのような状態で閉じ込められているのであろうか．1967年，フリードマンらは電子を陽子に衝突させ，非弾性散乱のデータから陽子の内部構造を探る実験を行った．その結果，陽子の中には電子を大きく跳ね返す固い点状の"芯"（これがクォーク）が存在し，ちょうど原子の中に束縛された電子のように，それが自由に動いていることが突き止められた（「1990年」参照）．

こうしたハドロンの中に閉じ込められたクォークを結びつける強い相互作用が，漸近的自由性と呼ばれる性質をもっていることを1973年，理論的に明らかにしたのが，グロス，ポリツァー，ウィルチェックの3人である．

彼らはハドロンの中でクォークが互いに近づけば近づくほど，強い相互作用が弱くなり，クォークは自由に動きまわることができるというモデルを組み立てた．これが漸近的自由性である．逆にたがいに遠く離れるほど（といっても，ハドロンの中だけでの話であるが）クォーク同士にはたらく力は強くなるため，クォークを決してハドロンの外へ引っ張り出すことはできないというわけである．重力にしても電磁気力にしても，距離が大きくなるにつれ相互作用は弱くなるが，強い相互作用の場合，それとは反対の不思議な振る舞いを示すのである．

クォークはつねにハドロン内部に閉じ込められ，決して単独では観測でき

ないことが知られているが,グロスらが提唱した漸近的自由性の理論は,この実験事実に対する解釈を与えるものとなった.強い相互作用のゲージ粒子（力を伝える粒子）はグルーオン（接着剤を表す glue に由来）という.高いエネルギーで無理にクォークを引き離そうとしても,グルーオンの媒介が切断されたところに,クォークと反クォークの対ができ,2個のハドロンが形成されてしまうのである.アナロジーとしていえば,棒磁石を切断してもN極とS極を分離することはできず,再びNとSの対が二組生じる現象に似ている.自然界には自由なクォークは存在せず,ハドロンの中だけで漸近的自由性によって許される動きを示すというわけである.

2005

R. J. グラウバー　Glauber, Roy Jay
1925-（アメリカ）
「レーザー光の量子論の構築」

J. L. ホール　Hall, John Lewis
1934-（アメリカ）

T. W. ヘンシュ　Hänsch, Theodor Wolfgang
1941-（ドイツ）
「レーザー光による精密分光技術の開発」

2005年のノーベル物理学賞にはレーザー関連の研究ですぐれた業績を収めた3人が選ばれた.この分野からの受賞は,1964年のタウンズらから数えてじつに8回目となる.これはおそらく偶然と思われるが,そのちょうど100年前（1905年）,アインシュタインが光量子仮説を提唱し,光は波と粒子の二重性をもつことを指摘している（「1921年」参照）.そして1916年,アインシュタインは「放射の量子論」を発表,光量子仮説からさらに一歩踏み込んで,光の粒子性つまり光子としての性格を前面に押し出す理論を展開した.レーザーの原理はまさにここにあったのである（「1964年」参照）.

ところで,自然光と大きく異なり,レーザー光は位相がそろっており（コヒーレント状態にあり）,そのためすぐれた干渉性（コヒーレンス）を示す.この特徴を活かして,レーザー技術はさまざまな領域で応用されているわけ

である．

　グラウバーは 1963 年，量子論をレーザー光に適用，コヒーレント状態を光子の量子状態として表現する理論を発表した．そこから，古典物理学では知られることのなかったコヒーレント状態の性質が浮き彫りにされたのである．こうしたグラウバーの理論に基づき，レーザー光による高精度分光の技術を開発したのが，ホールとヘンシュになる．

　彼らは 1990 年代後半，レーザー光の周波数スペクトルを等間隔に並んだ櫛の歯のようにそろえる，「周波数コーム（櫛）」と呼ばれる方法を確立した．周波数の誤差は 1000 兆分の 1 以下という高精度で，安定したレーザー光をつくり出すことが可能となった．周波数コーム技術はレーザー冷却・捕捉技術（「1997 年」，「2001 年」参照）と相まって，現在のセシウム時計（「1989 年」参照）を上回る高精度原子時計の開発やそれに基づくさまざまな基礎研究の発展の可能性を提示している．

2006

J. C. マザー　　Mather, John Cromwell
1946-（アメリカ）

G. F. スムート　　Smoot, George Fitzgerald
1945-（アメリカ）

「宇宙背景放射の黒体放射スペクトルと異方性の発見」

　1989 年，NASA（アメリカ航空宇宙局）は宇宙背景放射探査衛星 COBE（Cosmic Background Explorer）を打ち上げた．このプロジェクトで全体の指揮を執り，背景放射のエネルギースペクトルの測定責任者をつとめたのがマザー，そして飛来する方向による背景放射の強度分布の違いの測定責任者をつとめたのがスムートである．

　宇宙背景放射そのものは，1965 年，ウィルソンとペンジャスによって観測され，ビッグバン宇宙論の有力な証拠と見なされた（「1978 年」参照）．彼らは宇宙のあらゆる方向から一様に，時間に関係なく，温度に換算して約 3 K の電波が地球に降り注いでいることを発見したのである．それは百数十億年前に起きたビッグバンの"残光"であった．

ところが，ここで一つ重要な問題が生じた．宇宙背景放射の空間強度分布が完全に一様だとすると，そもそも星や銀河が形成されるはずがないからである．というのも，背景放射の温度分布にほんのわずかでもゆらぎが見られれば，それはビッグバン直後における物質の素の密度の濃淡に対応しており，密度の濃いところに引力によって物質が引き寄せられ，そこが星が誕生する"種"となるわけである．しかし，誕生したばかりの宇宙が完全に均質な世界であったとすれば，星が輝きはじめる可能性ははじめから芽を摘まれてしまうことになる．

そして，打ち上げから3年後の1992年，COBEの観測データを解析した結果，宇宙背景放射は黒体放射のスペクトル（「1911年」，「1918年」参照）を示し，その温度分布にはほんのわずかながらゆらぎ（非斉一性）が見られることが検出された．ゆらぎの度合（濃淡部分の差の割合）は10万分の1と非常に小さなものであったが，それが核融合（「1967年」参照）の点火スイッチの元となり，星が誕生するルーツであった．

なお，COBEがとらえた背景放射の10万分の1というゆらぎをもった全天の温度分布は，宇宙が誕生してからわずか約40万年後の姿を映し出していた．それはまた，物質と反物質のわずかな対称性の破れを表していたのである．

2001年，COBEの次世代探査機となるWMAP（Wilkinson Microwave Anisotropy Probe．ウィルキンソンはこの分野で貢献したアメリカの天文学者）が打ち上げられ，さらに高い精度で宇宙背景放射の温度分布異方性が観測されている．

2007

A. フェール　Fert, Albert
1938-（フランス）

P. グリュンベルク　Grünberg, Peter
1939-（ドイツ）

「巨大磁気抵抗効果の発見」

磁気抵抗効果とは，磁場を加えると電気抵抗が変化する現象である．この

現象自体は 19 世紀から知られていたが，その際生じる電気抵抗の変化は数パーセント程度であった．

ところが，1988 年，フェールとグリューンベルクが独立に巨大磁気抵抗効果を発見したことにより，状況は一変した．強磁性金属の多層膜に外から磁場をかけると，電気抵抗が数十パーセントも変化したのである（巨大とは変化する抵抗値の大きさを意味している）．

強磁性体である鉄の二つの層の間に，クロムを偶数原子層挟んでサンドイッチ構造をつくる．クロムは 1 原子層ごとに磁化の方向が反平行になるので，外側の二つの鉄の層の磁化が反平行で向き合うことになる．そこに電流が通じると，次のような現象が起きる．

電子は自転に起因するスピンという量子数をもった小さな磁石である．右まわりと左まわりに対応して，スピンは量子化軸に沿って平行，反平行の二つの状態を取る．そこで，磁化の方向が交互に入れ替わる多層膜の中では，電子は一つの層おきに，自分のスピンと反対を向く磁化の中を通るため，その都度，大きく散乱されることになる．つまり，流れにくくなる．これを何度もくり返すと，マクロに見れば，電気抵抗が高くなる．

一方，多層膜に磁場をかけると，その方向に沿って各層の磁化が平行にそろってくる．こういう状態が形成されると，磁化と平行のスピンをもつ電子については散乱が起きず，その分，電流の流れがよくなる．つまり，電気抵抗が低くなるわけである．こうした特性はハードディスクの読み取りなどに応用され，情報技術の発展に大きく貢献している．それにしても，フェールとグリュンベルクの業績を見ていると，温故知新といういまではあまり使われなくなった言葉が浮かんでくる．古典物理学全盛の時代に発見された効果が，20 世紀に量子論のもとで化粧直しをして，新しい描像を示してくれるからである（量子ホール効果などもその好例であろう．「1985 年」参照）．そこには糾える縄の如き様相を呈する物理学の歴史の妙を見る思いがする．

2008

南部 陽一郎 Nambu, Yoichiro
1921- (アメリカ)
「自発的対称性の破れの発見」

小林 誠 Kobayashi, Makoto
1944- (日本)

益川 敏英 Maskawa, Toshihide
1940- (日本)
「CP対称性の破れの起源の発見」

 21世紀に入ってから,自然科学3部門における日本人の受賞者が急増しているが,とくに2008年はその"当たり年"となった.物理学賞を南部陽一郎,小林誠,益川敏英の3人が独占,そして化学賞に下村脩が輝くという賑やかな年であった(南部の国籍はアメリカ).また,2008年の3人の業績は湯川秀樹(「1949年」参照),朝永振一郎(「1965年」参照)の流れをくむ,素粒子の理論研究であったことも,その印象を強くした一因となったようである.

 ところで,かつて反粒子の存在を予言したディラック(「1933年」参照)はノーベル賞受賞講演の中で,「正電荷と負電荷の間に完全な対称性が成り立つという自然の基本法則を受け入れるならば,宇宙には物質でできた星と反物質でできた星がちょうど半分ずつ存在するかもしれない」と語った.しかし,ディラックの予想は外れた.

 1956年,リーとヤンはβ崩壊において空間対称性は破られる(パリティ非保存)とする理論を発表,翌年,ウーの実験によってそれが実証された(「1957年」参照).つづいて1964年,クローニンとフィッチはパリティPだけでなく,そこに粒子と反粒子の入れ替え(電荷Cの反転)を重ねて行う,CP変換を施しても,やはり対称性は破られることを,K中間子の崩壊の観測を通して証明した(「1980年」参照).ディラックの予想に反し,粒子と反粒子では崩壊のしかたにほんのわずかではあるが違いがあり,完全な対称性は保たれていなかったのである.そのため,初期宇宙において反粒子はほとんど消滅し,ふつうの物質が主流のいまの宇宙ができ上がったと考え

られている.

　1973 年，小林と益川は電磁相互作用と弱い相互作用の統一理論（「1979 年」参照）を前提にクォークの種類を当初，提唱されていた三つ（「1969 年」参照）から六つに増やして素粒子のモデルを組み立てると，CP 対称性の破れが理論的に説明できることを明らかにしたのである．

　同じころ，グロスらによってクォークの間にはたらく強い相互作用には，漸近的自由性があるとする説が唱えられた（クォーク同士が近づくと相互作用は弱くなり，クォークは自由に動きまわるが，逆に核子の外へ引っ張り出そうとすると相互作用が強まるため，クォークは単独では存在できないという性質．「2004 年」参照）．小林–益川理論と漸近的自由性の理論によって，現在の素粒子の標準モデルが確立されたのである．

　2001 年には，日本の高エネルギー加速器研究機構（KEK）とアメリカのスタンフォード大学線形加速器センター（SLAC）が，電子と陽電子の衝突によって対(ペア)で発生する中性 B 中間子とその反粒子の崩壊を観測，小林–益川理論の予言どおり，B 中間子においても CP 対称性が破られることを検証している．

　このように，素粒子の世界では対称性を基本としながらも，その破れがさまざまな形で重要な役割を果たす．1961 年，南部はミクロの対称が起こす現象では，対称性が自然に破れることがあるとする理論を発表，そこから素粒子に質量をもたらしたメカニズムを探る試みを展開したのである．

　1964 年にヒッグスらがこの自発的対称性の破れの考え方を発展させ，質量の起源とされるヒッグス機構の理論を発表している．これに基づいてその存在が予言されたヒッグス粒子の検出は，現在，CERN で進められており，2012 年にはきわめて高い確率でそれがほぼ間違いなく確認されたと発表された．そこから近い将来，南部の業績をルーツとする分野からまた新たなノーベル物理学賞が誕生するかもしれない．

2009

C. K. カオ　Kao, Charles Kuen
1933- （イギリス，アメリカ）
「光通信に使うグラスファイバーに関する革新的業績」

W. S. ボイル　Boyle, Willard Sterling
1924-2011（カナダ）

G. E. スミス　Smith, George Elwood
1930-（アメリカ）
「電荷結合素子（CCD）の発明」

　この年は現代の情報化社会を象徴する光通信分野で業績を挙げたカオと電荷結合素子を発明したボイル，スミスの3人に，ノーベル物理学賞が贈られた．21世紀に入ってから，量子論の効果，素粒子，宇宙論など純粋物理学の研究への授賞が続いたが，2008年は新技術の開発が選ばれたわけである．これはキルビーらが2000年に「情報通信技術の基礎的研究」で受賞して以来のこととなる．

　カオは1966年，光ファイバーの実用化への道を開く論文を発表した．1960年代の前半はまだガラスを使っても，光の信号を数メートルしか送ることができず，通信手段としては役に立たなかった．そこでカオはガラスの光学的な性質を測定し，重金属類などの不純物を取り除いた均質なガラスをつくれば，光の吸収損失を抑え，100キロメートル以上も光信号を送れることを理論的に予測したのである．その後1970年代に入ると，カオの予測どおり，屈折率の高い芯を屈折率の低いクラッドと呼ばれる層で被う構造の光ファイバーが実用化されるようになった．

　ボイルとスミスは1969年，電荷結合素子CCD（Charge Coupled Device）を発明している．CCDは光電効果（「1921年」参照）を利用して光を電気信号に変換し，画像化する半導体素子である．高感度でノイズが少ないことから，デジタルカメラやビデオカメラ，微弱な光をとらえる天体望遠鏡など広い領域で使われるようになった．

　いずれの研究も40年以上前に発表されたものであるが，それだけにこの年の授賞は長い時間をかけ，彼らが開発した革新的な技術が社会の中に定着

してきたことを物語っているのであろう．

2010

A. ガイム Geim, Andre
1958-（オランダ）

K. ノボセロフ Novoselov, Konstantin
1974-（イギリス，ロシア）

「2次元物質グラフェンに関する革新的実験」

　グラフェンとは炭素原子が正六角形を成して網状に並んだ平面シートである．シートは単層，つまりその厚みは原子1個分しかない2次元構造をしている．これほど薄い物質はほかには知られていない．グラフェンはきわめて軽く，1平方メートルのシートをつくってもわずか0.77ミリグラムにしかならない勘定である．にもかかわらず強く，常温で電子の移動速度が最も大きい物質である．それまで，こうした単体の2次元物質は原子の熱運動のゆらぎによって安定に存在できないと考えられていただけに，グラフェンはその常識を破るものとなった．それだけ硬いわけである．

　このグラフェンを筒状に曲げればカーボンナノチューブとなり，球状に丸めるとフラーレンとなる（1985年にフラーレンを発見したカール，スモーリー，クロトーの3人は1996年，ノーベル化学賞を受けている）．そして，それが層状に重なったものがグラファイト（黒鉛）にほかならない．

　2010年のノーベル物理学賞は，こうした特性をもつ単体の2次元物質を2004年につくり出した，ガイムとノボセロフに贈られた．新素材としてさまざまな応用が期待されるグラフェンの性質と構造に対する関心もさることながら，そのつくり出され方がこれまた興味をひくものであった．ガイムとノボセロフはグラファイトの小片を粘着テープで挟み，テープをはがして劈開する操作をくり返しながら，グラファイトを徐々に薄くし，最後に単層のグラフェンを得るのに成功したというのである．

　高エネルギー加速器，探査衛星，巨大な検出装置などを駆使する昨今のビッグサイエンスとは距離を置く，ノスタルジーを感じるような研究である．グラファイトから単層をひきはがす試みは20世紀半ばにはじまったが，

2000年に数十層の厚みまでもってくるのが精一杯であった．それが一見，子供のいたずらのように思われる操作で単層シートが実現し，結晶構造に崩れもなかったというのであるから，喝采を贈りたくなる．

今後はグラフェンの実用化に注目が集まることになりそうであるが，まずはその前に，知的好奇心と遊び心こそが科学の原点であることをグラフェンの発見は語っているような気がする．

2011

S. パールマター　Perlmutter, Saul
1959- (アメリカ)

B. P. シュミット　Schmidt, Brian Paul
1967- (アメリカ, オーストラリア)

A. G. リース　Riess, Adam Guy
1969- (アメリカ)

「遠距離の超新星観測を通じた宇宙の膨張加速の発見」

1929年，ハッブルはドップラー効果が示す光の赤方偏移を観測し，銀河が地球から遠ざかっていく速度（後退速度）は地球からの距離に比例して増大していくという法則を発表した．ハッブルの法則は宇宙が膨張を続けていることを示しており，20世紀後半に確立されるビッグバン宇宙論の有力な観測根拠となった．

ところで，宇宙には星や星間ガスを形成する物質が存在する．また，このほかにも目に見えない「暗黒物質」がふつうの物質のおよそ5倍も宇宙空間に分布していると考えられている．銀河の回転運動や重力レンズ効果の観測から，その正体は不明ながら，ふつうの物質と同じように重力を作用させる未知の何かが存在することが突き止められているのである．したがって，物質と暗間物質の引力がブレーキとなり，宇宙の膨張に徐々に減速に向かうと予想されていた．

ところが，1998年，予想とはまったく逆の現象が報告された．アメリカの「超新星宇宙プロジェクト」チームとオーストラリアの「高赤方偏移超新星探査」チームが，宇宙の膨張が加速しているという観測結果を発表，前者

のチームリーダーをつとめたパールマターと後者のチームリーダーをつとめたシュミット，リースの3人が2011年のノーベル物理学賞を受賞した．

こうした観測を行う際には，絶対光度を特定できる星（基準光源）の存在が必要になる．これが決まれば，見かけの光度（地球から見たその星の明るさ）と比較をして，星までの距離が算定できる．そこで，ドップラー効果による赤方偏移から後退速度はわかるので，星までの距離と後退速度の関係が求まるというわけである．ハッブルは絶対光度がわかっていたセファイド型変光星を利用したが，今回，アメリカとオーストラリアのチームが注目したのは，Ia型と呼ばれる超新星である．

Ia型は超新星の中でもひときわ明るく，それが属する銀河全体に匹敵するほどの輝きを示すので，はるか遠方（90億光年の彼方まで観測されている）の宇宙を探るのに適している．また，それまでのデータの蓄積から，Ia型はその絶対光度が正確にわかっている超新星である．つまり，距離を測るうえで——とりわけ遠い宇宙における——基準光源として使えるのである．そこで，Ia型超新星が出現した銀河のドップラー偏移から後退速度を求めたところ，宇宙の膨張はおよそ70億年前から加速に転じていたことが明らかにされた．

ということは物質や暗黒物質の重力によるブレーキを振り切り，空間を押し広げている未知の作用がはたらいていることになる．正体は謎であるが，とりあえずその作用に「暗黒エネルギー」という名前がつけられた．宇宙の膨張加速のしかたから，暗黒エネルギーの総量は宇宙全体のエネルギーのおよそ70パーセントを占めると推定されている．したがって，暗黒エネルギーこそがまさに宇宙の未来を決定づける要因となるのである．

宇宙は静的で安定に存在し続けると信じられていた常識を打ち破ったのが，ハッブルの法則の発見であった．それから70年後，今度は宇宙は膨張していても重力によって，減速されていくのであろうという予測がパールマターらの観測によって打ち破られ，暗黒エネルギーという未知の何かの存在が大きく浮かび上がってきた．その意味で2011年のノーベル物理学賞は，宇宙論に新しい時代の到来を告げることになりそうである．

2012

D. J. ワインランド　Wineland, David Jeffrey
1944-（アメリカ）

S. アロシュ　Haroche, Serge
1944-（フランス）

「量子システムの計測と操作を可能にした実験手法の開発」

　朝永振一郎（「1965年」参照）に，ミクロの世界に現れる粒子と波の二重性を平易に解説した「光子の裁判」という名文がある．家宅侵入容疑で逮捕された被告（光子）を裁く法廷を舞台にして，量子論の特徴を紹介した一文である．マクロの世界では，一人の人間が同時に二つの窓を通って他人の家に侵入するなどということは起こり得ない．容疑者の侵入経路は必ず，どちらか一方の窓に決まっている．ところが，「光子の裁判」では被告はあくまでも，同時に両方の窓を通過したと主張する．ミクロの対称の振る舞いとしては，そうしたことが可能であることを朝永は被告，弁護士，検察官のやり取りを通して解説しているのである．

　この話は一般に，量子論に見られる複数の状態の重ね合わせという問題に帰着される．有名なパラドックス「シュレディンガーの猫」（中の様子が見えない箱に閉じ込められた一匹の猫に，生きた状態と死んだ状態が同時に共存するというパラドックス）もその一例である．

　ところが，この重ね合わさった状態を直接，観測することは非常に難しい．観測という行為は対象に何らかの影響，刺激を与えることが避けられないため，対象の状態を乱してしまうからである．その結果，重ね合わせは消滅し，どれか一つの状態に収束してしまう．

　ワインランドとアロシュはそれぞれ独自の方法で，こうした量子論特有の状態を保ったまま，それを制御し測定する方法を，1980年代から90年代にかけて開発したのである．

　ワインランドはレーザー冷却・捕捉技術（「1997年」，「2001年」参照）を用いて，ベリリウムイオンを電場の中に閉じ込め，イオン同士の相互作用を制御して，この系が重ね合わせの状態にあることを証明した．また，アロシュは超伝導体でできた一対の鏡の間で光子をくり返し反射させ，そこを通

過させたルビジウム原子と光子の間で相互作用を起こさせた．こうすると，出てきた原子を観測することにより，光子の重ね合わせ状態が検出されたのである．

ワインランドとアロシュが開発した実験手法は，とてつもなく精度の高い原子時計（宇宙誕生から今日まで138億年動かしても，狂いがわずか数秒という正確さ）の製作や量子論の重ね合わせ状態を利用して，瞬時に膨大な量の計算を実行する量子コンピューターなどへの応用が期待されている．

量子論の成果はさまざまな分野で実用化され，多彩なテクノロジーを生み出した．そのテクノロジー（レーザーや超伝導体など）をフィードバックする形で，今度は量子論の基本的な問題（状態の重ね合わせ）の検証が行われた．そして，その成果がさらにテクノロジーの発展を促すという，基礎科学と応用技術の循環がそこには見られるのである．

参 考 文 献

Elisabeth Crawford, *The Nobel Population 1901–1950*, Universal Academy Press, 2002

ノーベル財団 著，中村誠太郎・小沼通二 編『ノーベル賞講演 物理学（全12巻）』，講談社，1978年～1980年

Nobel Lectures Physics 1971–1980, ed. by Stig Lundqvist, World Scientific Publishing Company, 1992

Nobel Lectures Physics 1981–1990, ed. by Gösta Ekspong, World Scientific Publishing Company, 1993

Nobel Lectures Physics 1991–1995, ed. by Gösta Ekspong, World Scientific Publishing Company, 1997

Nobel Lectures Physics 1996–2000, ed. by Gösta Ekspong, World Scientific Publishing Company, 2002

Nobel Lectures Physics 2001–2005, ed. by Gösta Ekspong, World Scientific Publishing Company, 2008

索　引

[あ行]

アインシュタイン, A.（Einstein, Albert）
　11, 17, 25, **27-29**, 36, 40, 73, 136, 157
アップルトン, E. V.（Appleton, Edward Victor）　**61-62**
アブリコソフ, A. A.（Abrikosov, Alexei Alexeyevich）　**154-155**
アルヴァレズ, L. W.（Alvarez, Luis Walter）
　83, **96-98**, 135
アルヴェーン, H. O. G.（Alfvén, Hannes Olof Gösta）　96, **100-102**
アルフョロフ, Z. I.（Alferov, Zhores Ivanovich）　**147-148**
アロシュ, S.（Haroche, Serge）　91, **167-168**
アンダーソン, C. D.（Anderson, Carl David）
　45, **47-49**, 59, 62, 66, 81
アンダーソン, P. W.（Anderson, Philip Warren）　**111-112**
イェンゼン, J. H. D.（Jensen, Johannes Hans Daniel）　**88-89**, 109
ヴァン・ヴレック, J. H.（van Vleck, John Hasbrouck）　**111-112**
ウィーマン, C. E.（Wieman, Carl Edwin）
　91, **149-151**
ヴィーン, W.（Wien, Wilhelm）　**15-17**, 24
ウィグナー, E. P.（Wigner, Eugene Paul）
　88-89
ウィルソン, K. G.（Wilson, Kenneth Geddes）
　119-120
ウィルソン, C. T. R.（Wilson, Charles Thomson Rees）　**37-38**, 62, 82, 135
ウィルソン, R. W.（Wilson, Robert Woodrow）　96, **113-114**, 158
ウィルチェック, F.（Wilczek, Frank）　**156-157**
ウォルトン, E. T. S.（Walton, Ernest Thomas Sinton）　53, **67-69**, 105
江崎玲於奈（Esaki, Leo）　**105-106**
オシェロフ, D. D.（Osheroff, Douglas Dean）
　142

[か行]

ガイム, A.（Geim, Andre）　**164-165**
カオ, C. K.（Kao, Charles Kuen）　**163-164**
カストレル, A.（Kastler, Alfred）　91, **94**
カピッツァ, P. L.（Kapitsa, Pyotr Leonidovich）　86, **113-114**, 142
ガボール, D.（Gabor, Dennis）　91, **102-103**, 120
カマーリング・オンネス, H.（Kamerling-Onnes, Heike）　15, **18-19**, 103, 113, 119, 127, 142
キュリー, M.（Curie, Marie Sklodowska）　1, **4-5**, 8, 51, 89, 94
キュリー, P.（Curie, Pierre）　1, **4-5**, 8, 51, 94
ギョーム, C. E.（Guillaume, Charles Edouard）　**26-27**, 94
キルビー, J. S.（Kilby, Jack St. Clair）　**147-148**
ギンツブルク, V. L.（Ginzburg, Vitaly Lazarevich）　**154-155**
クーパー, L. N.（Cooper, Leon Neil）　77, **103-104**, 119
クッシュ, P.（Kusch, Polykarp）　**74-76**
グラウバー, R. J.（Glauber, Roy Jay）　91, **157-158**
グラショー, S. L.（Glashow, Sheldon Lee）
　115-116, 146
グリュンベルク, P.（Grünberg, Peter）　**159-160**
グレーザー, D. A.（Glaser, Donald Arthur）
　82-84, 97, 135
クレーマー, H.（Kroemer, Herbert）　**147-148**
クローニン, J. W.（Cronin, James Watson）
　116-117, 161
グロス, D. J.（Gross, David Jonathan）　**156-157**
ケターレ, W.（Ketterle, Wolfgang）　91, **149-151**
ゲッパート＝メイヤー, M.（Goeppert-Mayer, Maria）　**88-89**, 109

ゲル=マン, M. （Gell-Mann, Murray） 98-100, 133
ケンドール, H. W. （Kendall, Henry Way） 99, **132-133**
コーエン=タヌジ, C. （Cohen-Tannoudji, Claude） 91, **143-144**
コーネル, E. A. （Cornell, Eric Allin） 91, **149-151**
小柴昌俊 （Koshiba, Masatoshi） 96, **151-154**
コッククロフト, J. D. （Cockcroft, John Douglas） 53, **67-69**, 105
小林 誠 （Kobayashi, Makoto） **161-162**
コンプトン, A. H. （Compton, Arthur Holly） **37-38**, 74

[さ行]
サラム, A. （Salam, Abdus） **115-116**, 146
シーグバーン, K. M. （Siegbahn, Kai Manne） **118-119**
シーグバーン, K. M. G. （Siegbahn, Karl Manne Georg） **33-34**, 118, 119
ジェーバー, I. （Giaever, Ivar） **105-106**
ジャコーニ, R. （Giacconi, Riccardo） 96, **151-154**
シャル, C. G. （Shull, Clifford Glenwood） **138-139**
シャルパック, G. （Charpak, Georges） 120, **135-136**
シュウィンガー, J. （Schwinger, Julian） 76, **92-94**, 146
シュタインバーガー, J. （Steinberger, Jack） **128-130**, 140
シュタルク, J. （Stark, Johannes） **25-26**
シュテルマー, H. L. （Störmer, Horst Ludwig） **144-145**
シュテルン, O. （Stern, Otto） **55-56**, 57
シュミット, B. P. （Schmidt, Brian Paul） 96, **165-166**
シュリーファー, J. R. （Schrieffer, John Robert） 77, **103-104**, 119
シュレディンガー, E. （Schrödinger, Erwin） **44-46**, 72, 75
シュワルツ, M. （Schwartz, Melvin） **128-130**, 140
ショーロー, A. L. （Schaowlow, Arthur Leonard） 91, **118-119**

ジョセフソン, B. D. （Josephson, Brian David） **105-106**, 120
ショックレー, W. B. （Shockley, William Bradford） **76-77**
スミス, G. E. （Smith, George Elwood） **163-164**
スムート, G. F. （Smoot, George Fitzgerald） 96, **158-159**
ゼーマン, P. （Zeeman, Pieter） **2-3**, 26
セグレ, E. G. （Segrè, Emilio Gino） 54, **81-82**
ゼルニケ, F. （Zernike, Frits） **70-71**, 147

[た行]
タウンズ, C. H. （Townes, Charles Hard） **90-92**, 157
タム, I. Y. （Tamm, Igor Yevgenyevich） 78, **79-80**
ダレーン, N. G. （Dalén, Nils Gustaf） **17-18**
チェレンコフ, P. A. （Cherenkov, Pavel Alekseyevich） 78, **79-80**, 135
チェンバレン, O. （Chamberlain, Owen） 54, **81-82**
チャドウィック, J. （Chadwick, James） **46-47**, 64, 88
チャンドラセカール, S. （Chandrasekhar, Subramanyan） 96, **120-122**
チュー, S. （Chu, Steven） 91, **143-144**
ツイ, D. C. （Tsui, Daniel Chee） **144-145**
デイヴィス, R. （Davis, Raymond Jr.） 96, **151-154**
テイラー, R. E. （Taylor, Richard Edward） 99, **132-133**
テイラー, J. H. （Taylor, Joseph Hooton Jr.） 96, **136-138**
ディラック, P. A. M. （Dirac, Paul Adrien Maurice） **44-46**, 49, 58, 75, 81, 93, 161
ティン, S. C. C. （Ting, Samuel Chao Chung） **109-111**
デヴィソン, C. J. （Davisson, Clinton Joseph） 41, **49-50**, 56, 72, 125
デーメルト, H. G. （Dehmelt, Hans Georg） 91, **130-131**
ドゥ・ジェンヌ, P. （de Gennes, Pierre-Gilles） **133-135**

ドゥ・ブローイ, L. V. P. R. (de Broglie, Louis Victor Pierre Raymond) 31, **40-41**, 44, 49, 94, 150
トホーフト, G. ('t Hooft, Gerardus) **146-147**
トムソン, J. J. (Thomson, Joseph John) 1, **8-9**, 50, 108, 119
トムソン, G. P. (Thomson, George Paget) 9, 41, **49-50**, 56, 72, 108, 119, 125
朝永振一郎 (Tomonaga, Sin-itiro) 76, **92-94**, 146, 161, 167

[な行]
南部陽一郎 (Nambu, Yoichiro) **161-162**
ネール, L. E. F. (Néel, Louis Eugène Félix) **100-102**
ノボセロフ, K. (Novoselov, Konstantin) **164-165**

[は行]
バークラ, C. G. (Barkla, Charles Glover) **22-24**, 33
パーセル, E. M. (Purcell, Edward Mills) **69-70**
バーディーン, J. (Bardeen, John) **76-77**, **103-104**, 119, 127
パール, M. L. (Perl, Martin Lewis) **139-141**
パールマター, S. (Perlmutter, Saul) 96, **165-166**
ハイゼンベルク, W. K. (Heisenberg, Werner Karl) **43-44**, 65
パウエル, C. F. (Powell, Cecil Frank) **66-67**
パウリ, W. (Pauli, Wolfgang) **58-60**, 65, 117, 128
パウル, W. (Paul, Wolfgang) 91, **130-131**
バソフ, N. G. (Basov, Nicolay Gennadiyevich) **90-92**
ハルス, R. A. (Hulse, Russell Alan) 96, **136-138**
ビーニッヒ, G. (Binnig, Gerd) **125-126**
ヒューウィッシュ, A. (Hewish, Antony) 96, **106-108**
ファインマン, R. P. (Feynman, Richard Phillips) 76, **92-94**, 146
ファウラー, W. A. (Fowler, William Alfred) 96, **120-122**
ファン・デル・メーア, S. (Van der Meer, Simon) **122-123**
ファン・デル・ワールス, J. D. (van der Waals, Johannes Diderik) **14-15**, 18, 119
フィッチ, V. L. (Fitch, Val Logsdon) **116-117**, 161
フィリップス, W. D. (Phillips, William Daniel) 91, **143-144**
フェール, A. (Fert, Albert) **159-160**
フェルトマン, M. J. G. (Veltman, Martinus Justinus Godefriedus) **146-147**
フェルミ, E. (Fermi, Enrico) **50-53**, 60, 129
フォン・クリッツィング, K. (von Klitzing, Klaus) **124-125**, 144
ブラウン, K. F. (Braun, Karl Ferdinand) **12-13**
ブラケット, P. M. S. (Blackett, Patrick Maynard Stuart) **62-64**, 81, 135
ブラッグ, W. H. (Bragg, William Henry) **21-22**, 40, 49, 108, 119, 138
ブラッグ, W. L. (Bragg, William Lawrence) **21-22**, 49, 105, 108, 119, 120, 138
ブラッタン, W. H. (Brattain, Walter Houser) **76-77**
フランク, J. (Franck, James) **34-35**, 55
プランク, M. K. E. L. (Planck, Max Karl Ernst Ludwig) 16, 18, **24-25**, 29, 40, 149
フランク, I. M. (Frank, Ilija Mikhailovich) 78, **79-80**
フリードマン, J. I. (Friedman, Jerome Isaac) 99, **132-133**, 156
ブリッジマン, P. W. (Bridgman, Percy Williams) **60-61**
ブルームバーゲン, N. (Bloembergen, Nicolaas) 91, **118-119**
ブロックハウス, B. N. (Brockhouse, Bertram Neville) **138-139**
ブロッホ, F. (Bloch, Felix) **69-70**
プロホロフ, A. M. (Prokhorov, Aleksandr Mikhailovich) **90-92**
ベーテ, H. A. (Bethe, Hans Albrecht) **95-96**
ベクレル, A. H. (Becquerel, Antoine Henri) 1, **4-5**, 8, 50, 94
ヘス, V. F. (Hess, Victor Franz) **47-49**

ベドノルツ, J. G. （Bednorz, Johannes Georg） 127-128
ペラン, J. B. （Perrin, Jean Baptiste） 35-37, 94
ヘルツ, G. L. （Hertz, Gustav Ludwig） 34-35, 55
ペンジャス, A. A. （Penzias, Arno Allan） 96, 113-114, 158
ヘンシュ, T. W. （Hänsch, Theodor Wolfgang） 91, 157-158
ボイル, W. S. （Boyle, Willard Sterling） 163-164
ボーア, N. H. D. （Bohr, Niels Henrik David） 25, 26, 29-31, 33, 34, 41, 45, 55, 108, 119
ボーア, A. N. （Bohr, Aage Niels） 108-109, 119
ボーテ, W. （Bothe, Walther） 72-74
ホール, J. L. （Hall, John Lewis） 91, 157-158
ホフスタッター, R. （Hofstadter, Robert） 84-86, 133
ポリツァー, H. D. （Politzer, Hugh David） 156-157
ボルン, M. （Born, Max） 72-74

[ま行]
マイケルソン, A. A. （Michelson, Albert Abraham） 10-11
マザー, J. C. （Mather, John Cromwell） 96, 158-159
益川敏英 （Maskawa, Toshihide） 161-162
マルコーニ, G. （Marconi, Guglielmo） 12-13
ミュラー, K. A. （Müller, Karl Alexander） 127-128
ミリカン, R. A. （Millikan, Robert Andrews） 31-32
メスバウアー, R. L. （Mössbauer, Rudolf Ludwig） 84-86
モッテルソン, B. R. （Mottelson, Ben Roy） 108-109
モット, N. F. （Mott, Nevill Francis） 111-112

[や行]
ヤン, C. N. （Yang Chen Ning） 77-79, 88, 116, 161

湯川秀樹 （Yukawa, Hideki） 64-66, 88, 92, 161

[ら行]
ラービ, I. I. （Rabi, Isidor Isaac） 57, 69, 131
ライネス, F. （Reines, Frederick） 129, 139-141, 151
ライル, M. （Ryle, Martin） 96, 106-108
ラウエ, M. T. F. （Laue, Max Theodor Felix von） 19-20, 21, 22, 49
ラフリン, R. B. （Laughlin, Robert Betts） 144-145
ラマン, C. V. （Raman, Chandrasekhara Venkata） 41-42
ラム, W. E. （Lamb, Willis Eugene） 74-76
ラムゼー, N. F. （Ramsey, Norman Foster） 91, 130-131
ランダウ, L. D. （Landau, Lev Davidovich） 86-87, 113, 155
リー, D. M. （Lee, David Morris） 86, 142
リー, T. （Lee Tsung-dao） 77-79, 88, 116, 161
リース, A. G. （Riess, Adam Guy） 96, 165-166
リチャードソン, R. C. （Richardson, Robert Coleman） 142
リチャードソン, O. W. （Richardson, Owen Willans） 39
リップマン, G. （Lippmann, Gabriel） 12, 94
リヒター, B. （Richter, Burton） 109-111
ルスカ, E. （Ruska, Ernst） 125-126
ルビア, C. （Rubbia, Carlo） 122-123
レイリー （Rayleigh（John William Strutt）） 5-7, 16, 24
レインウォーター, L. J. （Rainwater, Leo James） 108-109
レーダーマン, L. M. （Lederman, Leon Max） 128-130, 140, 151
レーナルト, P. E. A. （Lenard, Philipp Eduard Anton） 7-8, 28
レゲット, A. J. （Leggett, Anthony James） 154-155
レントゲン, W. C. （Röntgen, Wilhelm Conrad） 1-2, 4, 8, 19
ローラー, H. （Rohrer, Heinrich） 125-126
ローレンス, E. O. （Lawrence, Ernest Orlando） 53-54

ローレンツ, H. A. （Lorentz, Hendrik Antoon）
    2-3

[わ行]
ワインバーグ, S. （Weinberg, Steven）　115-116, 146
ワインランド, D. J. （Wineland, David Jeffrey）　91, **167-168**

著者紹介
小山 慶太（こやま・けいた）
1948年生まれ．科学史家，早稲田大学社会科学総合学術院教授．理学博士．専門は物理学，天文学の近現代史．早稲田大学理工学部卒業．著書に『エネルギーの科学史』『科学歳時記 一日一話』（以上，河出ブックス），『科学史年表（増補版）』『科学史人物事典』『寺田寅彦』『犬と人のいる文学誌』（以上，中公新書），『物理学史』（裳華房），『ノーベル賞でたどるアインシュタインの贈物』（NHKブックス），監訳書に『図説アインシュタイン大全』（東洋書林）などがある．

ノーベル賞でたどる物理の歴史

平成25年10月10日　発行

著作者　　小　山　慶　太

発行者　　池　田　和　博

発行所　　丸善出版株式会社
〒101-0051　東京都千代田区神田神保町二丁目17番
編集：電話（03）3512-3265／FAX（03）3512-3272
営業：電話（03）3512-3256／FAX（03）3512-3270
http://pub.maruzen.co.jp/

© Keita Koyama, 2013

組版印刷・製本／三美印刷株式会社

ISBN 978-4-621-08710-7 C 0042　　　　　Printed in Japan

JCOPY 〈(社)出版者著作権管理機構　委託出版物〉
本書の無断複写は著作権法上での例外を除き禁じられています．複写される場合は，そのつど事前に，（社)出版者著作権管理機構（電話03-3513-6969，FAX 03-3513-6979, e-mail：info@jcopy.or.jp）の許諾を得てください．